地下水中 DBPs 的形成、迁移和转化

刘　丹　张文静　陈学群　柴娟芬　田婵娟　著

黄河水利出版社

·郑　州·

内 容 提 要

本书是作者团队从事地下水人工回灌与DBPs环境行为特征研究取得成果的总结与提炼。基于回灌水源的多样性，回灌水源在回灌前期多需进行消毒处理，进而有效防止生物淤积和潜在的微生物污染物进入到地下水环境中。全书围绕$CHCl_3$的地球化学研究主线，以$CHCl_3$的形成、吸附过程、生物降解过程及胶体效应影响等为重点，从形成机制、转化机制和迁移机制三个层面，系统分析了人工回灌过程中$CHCl_3$的形成及环境行为特征，试图从DBPs的形成、迁移和转化视角探讨人工回灌水源的有效氯浓度阈值。

本书可供从事水文水资源、地下水科学与工程等专业的相关科研工作者和相关领域的技术人员参考。

图书在版编目(CIP)数据

地下水中DBPs的形成、迁移和转化／刘丹等著.——
郑州:黄河水利出版社,2023.2
ISBN 978-7-5509-3484-9

Ⅰ.①地… Ⅱ.①刘… Ⅲ.①地下水污染-污染控制
-研究 Ⅳ.①X523.06

中国版本图书馆CIP数据核字(2022)第243794号

组稿编辑:王路平 电话:0371-66022212 E-mail:hhslwlp@ 126. com
田丽萍 66025553 912810592@qq. com

责任编辑	冯俊娜	责任校对	张彩霞
封面设计	张心怡	责任监制	常红昕

出版发行 黄河水利出版社
　　　　　地址:河南省郑州市顺河路49号 邮政编码:450003
　　　　　网址:www. yrcp. com E-mail:hhslcbs@ 126. com
　　　　　发行部电话:0371-66020550
承印单位 广东虎彩云印刷有限公司
开　　本 710 mm×1 000 mm 1/16
印　　张 12
字　　数 160千字
版次印次 2023年2月第1版 2023年2月第1次印刷
定　　价 95.00元

序

　　这是一部关于地下水的专著。追溯古今，在原始公社末期，考古发掘证明了劳动人民已经打出深达 7 m 的生活用水井。先秦时期劳动人民已经开始开发地下水作为灌溉水源。《庄子·天地》和《说苑·反质》都记载着春秋时期已经有了用桔槔提取地下水技术。随着人类文明的进步和经济社会的发展，人们对水资源的需求越来越大，至今地下水依然作为我们生活生产的主要供水水源，并且随着科技水平的提高，地下水井已经可以打到上千米之深，位于俄罗斯北部全球最深的人工井——科拉超深井直通地下 13 000 m。据国家最新统计，目前我国 580 多万个取水口，地下水井竟然多达 550 多万个。因此，地下水对于人类的繁衍、文明的进步做出了不可磨灭的贡献。

　　地下水还具有可再生与不可再生的双重属性，可再生性与不可再生性主要表现在是否参与到现代水文循环过程中。忽略地下水的特性，过量的开发使用会给人类带来了一系列的灾难。地下水位下降、水质污染、海水入侵、泉水枯竭、地面沉降、岩溶塌陷等问题随之而来，地下水生态与环境面临严峻考验。这些问题的出现，也逐步引起了世界各国的重视，早在 2003 年，联合国环境规划署向全世界发布了《地下水及其环境退化的敏感性：全球地下水评估及其管理抉择》，揭示了全球地下水危机。因此，涌现出一批水文地质学家开始探索地下水回补、地下水原位修复等地下水保护的途径。地下水井的功能被赋予了新的特性——从地下水开发利用到地下水的回补保护。本书便是在此背景下研究探讨人工回补过程中地下水环境行为特征。

本书的第一作者刘丹，是一位从事地下水保护研究工作的年轻水文地质学者，博士毕业于吉林大学，工作于山东省水利科学研究院。本书紧紧围绕人工回灌过程中引发的地下水环境变化，对地下水中 DBPs 的形成、迁移和转化进行了深入研究，着重讨论了不同水化学条件和不同水动力条件下典型 DBPs 的迁移转化规律，以及胶体效应对迁移转化过程的影响。本书是作者近几年研究成果的凝结，从机制探索、室内模拟、野外试验、规律讨论等方面系统地开展了工作，展示了一个青年科研人员严谨的研究过程和研究思路。我相信，本书的发行对于从事地下水工作及战斗在科研第一线的年轻工作者能起到一定的鼓舞与激励，让这一丝丝活力燃烧，燎原，光芒万丈……

这里需要提到的是第一作者的研究生导师，吉林大学张文静教授，从事研究工作十年如一日，工作之余一直从事地下水保护方面的工作，在地下水胶体效应、污染修复、环境行为影响等方面做了大量的研究，培养了一批又一批优秀的研究生。本书也是张文静团队产出的丰富成果的重要组成部分，在此也祝贺张文静教授及其优秀的团队。

2022 年，联合国确定世界水日的主题为"珍惜地下水，珍视隐藏的资源"，本书的发行恰逢其时。路漫漫其修远兮，我相信这仅仅是个开始……

2022 年 9 月

前　言

　　近年来,社会经济高速发展,人类社会对水资源的依赖程度越来越高,地表水资源匮乏等问题日益突出,地下水资源成为支撑工农业生产和人类生活的主要水源,导致我国地下水资源开采量逐年增加。由于地下水资源的过度开采,产生的一系列环境地质问题已成为影响人类生活和制约经济发展的重要因素,人工回灌技术已成为缓解当前环境地质问题的重要措施之一。然而回灌过程中地下水环境不仅受到回灌水源、水质条件的影响,回灌过程对地下水动力场和水化学场还有一定的扰动作用,且该过程中胶体效应明显。因此,如何保障人工回灌条件下地下水环境安全稳定成为研究的重点。

　　基于回灌水源的多样性,回灌水源在回灌前期多需进行消毒处理,可有效防止生物淤积和潜在的微生物污染物进入到地下水环境中。然而,消毒过程中产生的消毒副产物(disinfection by-products,DBPs)是影响地下水环境安全的一个重要方面。随着消毒剂种类和消毒方式的多样化,产生的DBPs种类也越来越多,目前检测到并已确认的DBPs 700多种,主要可归为四类:三卤甲烷(THMs)、卤代乙酸(HAAs)、卤代乙腈(HANs)和致诱变化合物(MX),大部分DBPs为"致癌、致畸和致突变"的"三致"污染物,直接影响人类的生活和身体健康。其中,THMs

是目前最为常见的 DPBs,尤其是三氯甲烷($CHCl_3$)呈现出检出频次高、检出浓度大的特征。

不仅在回灌水源消毒环境生成 DBPs 并发生转化,而且在人工回灌过程中余氯与地下水中的有机质之间的复杂理化过程也可显著影响 DBPs 的形成、迁移和转化。本书重点针对人工回灌过程中引发的地下水环境变化,对地下水中 DBPs 的形成、迁移和转化进行深入研究。应用室内模拟试验和场地回灌试验等方法,选择 $CHCl_3$ 为典型 DBPs,研究 $CHCl_3$ 的形成机制及形成预测模型、吸附和生物降解机制,着重讨论了不同水化学条件和不同水动力条件下的迁移转化规律,以及胶体效应对迁移转化过程的影响。

本书共七章。第一章概述地下水中 DBPs 的特征及现存问题;第二、三章介绍研究区概况、背景特征及研究方法;第四、五章讨论了地下水中 $CHCl_3$ 的形成机制和转化机制;第六章分别基于室内模拟试验和场地回灌试验,探讨人工回灌过程中 $CHCl_3$ 的迁移转化规律;第七章通过数值模型和解析模型对人工回灌条件下 $CHCl_3$ 的环境行为进行预测。全书围绕 $CHCl_3$ 的地球化学研究主线,以 $CHCl_3$ 的形成、吸附过程、生物降解过程及胶体效应影响等为重点,从形成机制、转化机制和迁移机制三个层面,系统分析了人工回灌过程中 $CHCl_3$ 的形成及环境行为特征,试图从 DBPs 的形成、迁移和转化视角探讨人工回灌水源的有效氯浓度阈值。

本书在撰写过程中,得到了山东省水利科学研究院、山东省水资源与水环境重点实验室、吉林大学等单位和科研平台的大力支持,在此表示衷心的感谢!同时,本书是国家自然科学基金项目(41877175)、水利部技术示范项目(SF - 201803、SF - 202210)、山东省自然科学基金项目(ZR2021QD031、

ZR2021MD086）、山东省水利科学研究院自选课题资助（SDSKYZX202121-1）等历年研究成果的结晶。

限于作者水平,书中难免存在不妥之处,敬请广大读者批评指正。

作　者

2022 年 9 月

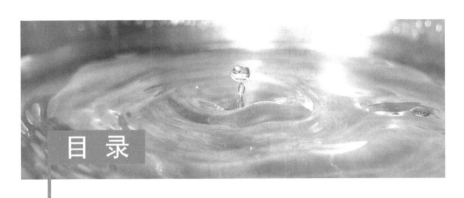

目 录

第一章　概　论

第一节　地下水中 DBPs 来源及种类

近年来,地下水资源的过量开采导致含水层中地下水储存量减少、应力失衡,易诱发地面沉降与塌陷、湿地萎缩及咸水入侵等一系列环境地质问题,成为制约国内外大中型城市经济发展的重要因素(王翠玲 等,2007;Huang et al.,2012)。针对上述问题,相关部门提出了严格的地下水限采制度,并采取地下水人工回灌技术积极防治或控制上述环境地质问题发生。在保障地下水资源的高效、持续开发利用的同时,人工回灌技术在扩大地下水可开采资源量、利用含水层储能等方面起到显著作用(杜新强 等,2007;桓颖 等,2015;张文静 等,2015)。但在通过实施地下水人工回灌工程提高雨洪资源利用率、人为增加地下水补给量的同时,人工回灌后地下水不仅受回灌水源水质条件的影响(何晔 等,2015),而且其回灌过程会对地下水水化学场和水动力场产生相应的扰动,从而对地下水环境造成一定影响(李恒太 等,2008;王子佳,2009;林学钰 等,2012)。因此,人工回灌过程中保证地下水环境安全是人工回灌技术有效应用的前提条件。

针对回灌水源的水环境特征,1992 年美国国家环保局(USEPA)提出:回灌水源水质应符合饮用水标准(US Environmental Protection Agency,1991);2006 年国际卫生组织(WHO)根据人体健康风险规定了回灌水源中无机组分含量标准;随后澳大利亚、中国等国家也相继对回灌水源水质条件提出要求

（王维平 等,2009）。由于回灌水源的多样性,部分回灌水源在回灌到目标含水层前需经过一系列处理,保障其满足回灌水源水质要求(孟庆玲 等,2015;Chowdhury,2019),其中为了防止生物淤积和病原微生物带来的安全隐患,回灌水源在回灌前期多需添加消毒剂(液氯、二氧化氯、次氯酸钠、臭氧、紫外线等)进行消毒处理,防止细菌、病毒及原生生物等致病微生物影响地下水水质(Clark et al.,1998),其中氯化消毒处理是目前应用最为广泛、工艺最为成熟的水体消毒方式,是消除病毒和预防传播最有效的方式之一(王苗苗,2018)。然而,回灌水源消毒带来的水质二次污染问题也日益暴露出来。

早在 1902 年,Belgium 首次提出氯作为消毒剂对饮用水进行消毒,可有效去除水中的微生物、病原体等。1974 年,Rook 和 Bellar 相继研究发现原水经过氯化消毒处理后,与水中的有机物发生氧化还原反应或亲电取代反应,形成三氯甲烷($CHCl_3$)(张杰,2018)。1975 年,美国国家环保局研究发现除 $CHCl_3$ 外,氯化消毒后还形成一溴二氯甲烷(BDCM)、二溴一氯甲烷(DBCM)、三溴甲烷(TBM)(李波,2007),上述四种物质的总含量称为总三卤甲烷(TTHMs)(Mullaney et al.,1975)。随后 Quimby 等(1980)和 Christman 等(1983)研究发现氯化消毒后的水环境中除 THMs 外,普遍存在卤代乙酸类(HAAs)DBPs。

研究显示,随着消毒过程中消毒剂种类(氯、次氯酸钠、氯胺、二氧化氯、臭氧及复合消毒剂等)和消毒方式的多样化,形成的 DBPs 种类也越来越多(韩畅 等,2009)。目前,消毒剂消毒后水体中检测到的有机物种类 2 000 多种,其中大部分 DBPs 尚未得到确认。随着检测手段的不断提高,被检测出的 DBPs 种类越来越多,目前检测到并已确认的 DBPs700 多种,主要分为四类,即三卤甲烷(THMs)、卤代乙酸(HAAs)、卤代乙腈(HANs)和致诱变化合物(MX)(见表 1-1),其中 THMs 和 HAAs 含量占 75% 以上,HANs 含量占 3% 左右(王俊霞,2019)。其中,$CHCl_3$ 检出率最高,属于美国饮用水标准(EPA 2009)中优先控制的有机污染物,因此采用氯化消毒时要特别关注 $CHCl_3$ 的形成,其理化性质见表1-2。

表1-1 主要消毒剂副产物种类一览表

DBPs 类别	化合物
三卤甲烷 (THMs)	三氯甲烷(Trichloromethane)
	一溴二氯甲烷(Bromodichloromethane)
	二溴一氯甲烷(Dibromochloromethane)
	三溴甲烷(Bromoform)
卤代乙酸 (HAAs)	三氯乙酸(Trichloroacetic acid)
	二氯乙酸(Dichloroacetic acid)
	一氯乙酸(Monochloroacetic acid)
	溴氯乙酸(Bromotrichloroacetic acid)
	三溴乙酸(Tribromoacetic)
卤代乙腈(HANs)	二氯乙腈(Dichloroacetonitrile)
	三氯乙腈(Trichloroacetonitrile)
	二溴乙腈(Dibromoacetonitrile)
致诱变化合物 (MX)	3-氯-4-(二氯甲基)-5-羟基-2-(5氢)呋喃酮 [3-chloro-4-(dichloromethyl)-5-hydroxy-2(5H)-furanon]
	(Z)-2-氯-3-(二氯甲基)-4-氧化丁烯酸 (Dichloroaldehydoacrylic acid)

表1-2 $CHCl_3$ 的理化性质

指标	参数或性质
分子量	119.38
颜色	无色透明
相对密度(水=1)	1.484
溶解度	1.05 g/100 mL(10 ℃)
蒸汽压	13.33 kPa(10 ℃)
沸点	61.3 ℃
熔点	-63.5 ℃
亨利常数	1.359(100 ℃)
$logK_{oc}$	1.97
$logK_{ow}$	2.39

第二节　DBPs 的危害及浓度限值

自 20 世纪 70 年代 DBPs 被发现至今,被检测并已确认的 DBPs 中,已有 109 种在动物试验中证实为"三致"污染物,即致癌、致畸和致突变,直接影响人类的生活和身体健康(Richardson, 2003)。哺乳动物在饮用经氯化消毒的饮用水后,DBPs 会在体内的部分细胞中聚集,当其浓度达到细胞毒性的剂量时会发生细胞癌变,因此具有细胞毒性和基因毒性(Kargalioglu et al., 2002)。其中 THMs 还会导致神经管缺损、唇腭裂等先天性畸形(刘雪瑶,2018)。1936 年美国将 $CHCl_3$ 列入 13 种危险的含氯脂肪族有机物之一;1976 年,美国国家癌症研究所(NCI)通过对鼠类进行试验研究表明 $CHCl_3$ 作为检出率最高的 DBPs 具有一定的致癌作用(宋杰,2015)。美国环保总局将 $CHCl_3$ 的毒性定义为 B2 级。$CHCl_3$ 主要是由于 Cl 原子的吸电子效应使 $CHCl_3$ 极性增强,对生物体内的酶系统具有一定的影响。主要 DBPs 的毒理学信息汇总见表 1-3。

表 1-3　主要 DBPs 的毒理学信息汇总(刘雪瑶,2018)

种类	名称	毒害效应	单位致癌风险 (10^{-6})
三卤甲烷 (THMs)	三氯甲烷(TCM)	致癌,肝、肾和生殖损害	0.056
	二溴一氯甲烷(DBCM)	神经系统、肝、肾和生殖损害	0.35
	一溴二氯甲烷(BDCM)	致癌,肝、肾、神经系统损害	ND
	三溴甲烷(TBM)	致癌,生殖发育损害	0.1
卤代乙酸 (HAAs)	二氯乙酸(DCA)	致癌,生殖发育损害	2.6
	三氯乙酸(TCA)	肝、肾、脾和发育损害	5.5
卤代乙腈 (HANs)	二氯乙腈(DCAN)	诱变,基因毒性,胚胎毒性	57.3
	三氯乙腈(TCAN)	致癌,致突变	160

注:ND 为未检出。

随着 DBPs 检出种类和检出率不断增加,为保证水质安全,目前包括美国环境保护局、世界卫生组织、欧盟(EU)、德国、日本和中国等在内的许多国家和组织对饮用水中 DBPs 的浓度进行规定,部分国家及组织根据各自的实际国情设定了相关标准,还有一些国家提出了相应的建议值以保证水质安全,但仍有许多尚未列入饮用水水质标准(Richardson,2003)。

美国对饮用水中 DBPs 的控制研究起步较早。早在 1979 年,美国环境保护局首次在《安全饮用水法》中规定 TTHMs 浓度标准为 100 μg/L。此后在 1994 年出版的《消毒剂与消毒副产物法》中提出了两个阶段目标:第一阶段(1996 年 12 月)要求水中 TTHMs 浓度标准为 80 μg/L,总卤代乙酸(THAAs)浓度标准为 60 μg/L,溴酸盐浓度标准为 10 μg/L,亚氯酸盐浓度标准为 1 000 μg/L;第二阶段(2000 年 6 月)要求各 DBPs 浓度进一步降低,规定 TTHMs 和 THAAs 最大浓度分别为 40 μg/L 和 30 μg/L(李爽 等,2000)。

1983 年,世界卫生组织首次提出了饮用水中 $CHCl_3$ 的标准限值为 60 μg/L,随后在 1988 年和 2004 年发布的《饮用水水质准则》中陆续规定了饮用水中 16 项 DBPs 的浓度限值(潘玥 等,2014)。其中 $CHCl_3$ 作为检出率最高的 DBPs,一直以来备受世界卫生组织关注并多次修订其浓度限值。对四种 THMs(TCM、BDCM、DBCM、TBM)的限定值分别为 200 μg/L、60 μg/L、100 μg/L、100 μg/L;HANs(DCAN、TCAN)的浓度限值分别为 20 μg/L 和 70 μg/L;2006 年,《饮用水水质准则》将 $CHCl_3$ 浓度限值放宽到 300 μg/L(刘雪瑶,2018)。

欧盟的《饮用水水质指令》对饮用水水质作出系列规定,要求饮用水中 TTHMs 总浓度不得超过 100 μg/L;各欧盟国在欧盟指令的基础上,包括意大利、德国等欧盟国根据各国的实际情况制定了饮用水 DBPs 浓度标准。例如:意大利规定 TTHMs 最大浓度为 30 μg/L;德国要求 TTHMs 浓度不超过 10 μg/L。

除 THMs 和 HAAs 外,部分国家对其他常见的 DBPs 也制定了指标限值。如美国环境保护局在《消毒剂与消毒副产物法》中规定溴酸盐不超过 10 μg/L,亚氯酸盐不超过 1 000 μg/L(王文生 等,2014);2004 年,世界卫生组织在《饮用水水质准则》中规定溴酸盐浓度标准限值为 100 μg/L;欧盟在《饮用水水质指令》中同样限定溴酸盐的浓度限值为 10 μg/L;日本还限定了饮用水中二氧化氯、亚氯酸盐及氯酸盐的浓度限值均为 600 μg/L。在我国《生活饮用水卫生标准》(GB 5749—1985)中首次规定生活饮用水中 DBPs 标准,并在《生活饮用水卫生标准》(GB 5749—2006)中进行修订,增加对四种 THMs 的浓度限值,且各化合物与限值之比之和不超过 1,其中三氯甲烷的浓度限值为 60 μg/L(见表 1-4、表 1-5)(鄂学礼 等,2010)。

表 1-4 各国饮用水中 THMs 和 HAAs 浓度限值

国家或组织		THMs/(μg/L)					HAAs/(μg/L)			
		TCM	BDCM	DBCM	TBM	TTHMs	MCA	DCA	TCA	THAAs
WTO	第一版	60	300	300	—	60	100	—	—	—
	第二版	200	60	100	100	—	—	—	—	—
	第三版	300	60	100	100	—	—	—	—	—
USEPA	第一阶段	80	—	—	—	80	—	—	—	60
	第二阶段	—	—	—	—	40	—	—	—	30
EU		100	—	—	—	100	—	—	—	—
美国		80	—	—	—	80	—	—	—	—
韩国		100	—	—	—	100	—	—	—	—
加拿大		80	—	—	—	350	—	—	—	—
意大利		—	—	—	—	30	—	—	—	—
澳大利亚		250	—	—	—	250	150	100	100	—
德国		10	—	—	—	10	—	—	—	—
日本		60	30	100	90	100	20	40	200	—
中国		60	60	100	100	<1 000	—	50	100	—

注:TTHMs 为 TCM、BDCM、DBCM、TBM 的总和。

表1-5 《生活饮用水卫生标准》(GB 5749—2006)中其他消毒副产物限值

序号	指标	限值/(μg/L)	序号	指标	限值/(μg/L)
1	二氯乙酸	50	5	亚氯酸盐	70
2	三氯乙酸	100	6	氯酸盐	70
3	三氯乙烯	70	7	溴酸盐	10
4	三氯乙醛	10	8	氯化氰	70

第三节 地下水人工回灌过程中 DBPs 的形成机制

DBPs 的形成作用与消毒剂和反应前体物有关。近年来,氯化消毒是国内外广泛采用的消毒方式,常见的氯消毒剂包括氯气(Cl_2)、二氧化氯(ClO_2)、次氯酸钠(NaClO)及氯胺等(刘晓琳,2013)。本次研究选择 NaClO 作为典型氯消毒剂,一般认为 NaClO 水解得到具有强氧化性的次氯酸(HClO),利用其体积小、电中性等特点扩散到带负电的细菌表面穿过细胞壁,因其强氧化性使细胞膜破损,可以有效地杀死水中的有害病菌(刘艳,2013),NaClO 水解反应的方程式为

$$NaClO + H_2O \rightleftharpoons HClO + Na^+ + OH^- \tag{1-1}$$

前体物是指在氯化消毒过程中水中可与消毒剂作用产生 DBPs 的有机物。地下水中的有机物主要包括天然有机物和人为有机物,其中 DBPs 的主要前体物是天然有机物(NOM)。一类是天然大分子有机物(腐殖酸、富里酸等),另一类是小分子

有机物(苯胺、氨基酸等)。有机物中的腐殖酸和富里酸是
THMs 和 HAAs 的主要前体物(葛飞 等,2006)。

　　Rook(1974)提出 DBPs 的形成过程主要包括两个步骤:氯
化反应和水解反应。氯化消毒过程中,DBPs 是由氯与水体中的
天然有机物之间发生开环、氧化、取代、不饱和烃加成反应形成
的氯化有机物,投氯量决定氯化反应是氧化反应或取代反应,低
投氯量条件下主要为取代反应,反之为氧化反应(Bull et al.,
1985;吴艳,2006;刘雪瑶,2018)。腐殖酸作为 THMs 的主要前
体物,分子量在 $500 \sim 5\ 000$,主要官能团包括:芳香酸、酚、芳香
族二元羧酸、脂肪酸、羟基酸及脂肪族二元羧酸等(Raymond et
al., 2001;安东 等,2005)。已有研究表明,苯酚类结构是 DBPs
形成作用的重要前体物,其中间二羟基苯是 THMs 的主要前体
物,间二苯酚通过氯代反应生成氯代苯酚等中间产物,进一步氧
化形成三氯甲基酮结构,参与反应的前体物官能团为 R-CO-
CX_3,再经过加成反应使得 C-C 键断裂形成 $CHCl_3$(马军,
1997)。黄君礼等(1987)通过试验发现形成 $CHCl_3$ 最有效的是
两个羟基或羧基之间的活性空位碳原子。此外,还有 β-二酮、
柠檬酸等也是重要前体物化合物。Gallard 和 Von(2002)研究
发现 THMs 的前体物由于官能团差异分为快速反应前体物和慢
速反应前体物,主要的快速反应前体物为二苯酚类化合物,慢速
反应前体物主要为酚类化合物。宋杰(2015)提出 THMs 的形
成首先是氯原子取代或加成前体物部分结构,其次使前体物中
的烯醇式结构发生互变异构生成醛酮结构,随后发生开环、水
解、脱酸作用,前体物发生反应形成 THMs 的反应过程如图 1-1
所示(Blatchley et al., 2003)。

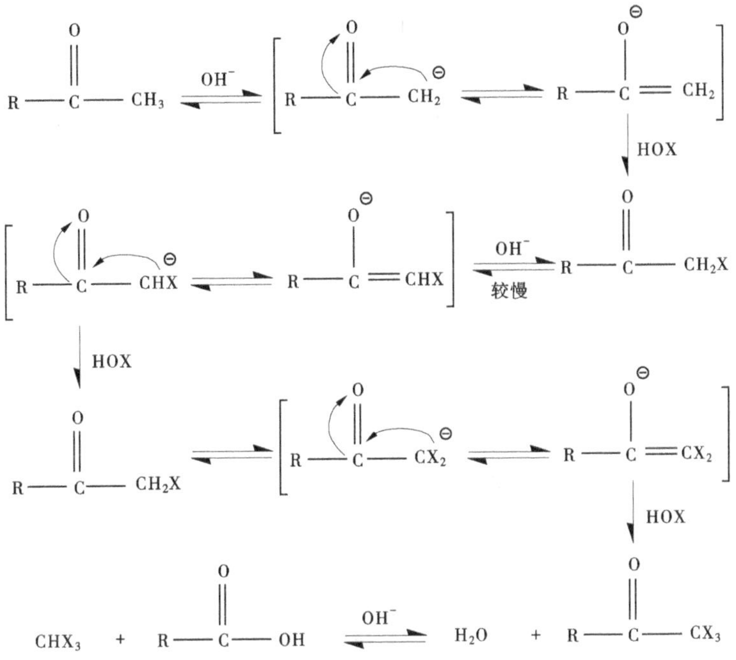

图 1-1 前体物发生反应形成 THMs 的反应过程

第四节 胶体效应对 DBPs 在地下水中迁移转化过程的影响

在地下水环境中,胶体通常指粒径在 1 nm~1 μm 范围内的颗粒性物质,是不同于土壤介质和水之外的第三相(Buffle et al.,1998;马杰,2016),其类型主要包括有机胶体、无机胶体、生物胶体等(见表 1-6)(桓颖,2016;于喜鹏,2016;杨悦锁 等,2017)。越来越多的研究表明,由于胶体自身粒径小、比表面积大且胶体表面带有较多自由电荷等特殊理化性质,胶体与污染物间通过吸附及络合作用,表现出与污染物更高的亲和性,从而直接或间接影响了污染物在地下水中的迁移能力(Ouyang et al.,1996;Syngouna et al.,2013)。

表 1-6   地下水环境中的胶体类型及粒径范围

胶体类型	典型胶体	粒径范围/m
有机胶体	腐殖酸、富里酸、氨基酸	$10^{-10} \sim 10^{-8}$
	多糖、蛋白质	$10^{-8} \sim 10^{-5}$
无机胶体	黏土矿物、磷酸盐	$10^{-8} \sim 10^{-4}$
	金属氧化物、金属氢氧化物、金属硫化物	$10^{-9} \sim 10^{-5}$
	硅酸盐人工纳米颗粒	$10^{-9} \sim 10^{-4}$
生物胶体	细菌、病毒、藻类	$10^{-8} \sim 10^{-4}$

20 世纪 90 年代,相关学者研究发现有机污染物易于被土壤吸附而不易迁移到地下水环境中,但地下水中的胶体增强了其迁移能力(Ngueleu et al.,2013)。近年来,国内外学者开展了关于胶体对有机污染物迁移转化影响的系列研究,研究发现胶体自身性质及环境地球化学条件变化会影响胶体对有机污染物迁移转化的作用。Drori 等(2005)通过静态吸附试验研究,发现高浓度的有机质胶体通过物理和化学作用,使土壤介质表面有效点位减少,阻碍了土壤对有机污染物的吸附。王志霞等(2012)研究有机胶体对菲在沉积物上的吸附-解吸能力发现,有机胶体抑制沉积物对菲的吸附能力,且低有机质含量的沉积物抑制作用明显。熊巍等(2007)研究表明低胶体浓度与菲发生共吸附促进土壤对污染物的吸附作用,当胶体浓度增大对菲有增溶作用,抑制土壤对污染物的吸附能力。胶体促进介质中有机质的溶出,使得介质表面有效吸附点位减少,随着胶体浓度增加抑制污染物吸附作用明显(谢黎 等,2016)。Li 等(2008)通过五氯苯酚在黏土矿物胶体与水界面上的转化研究,表明胶体可通过改变有机污染物的化学性质和形态影响其在地下环境中的行为特征。厌氧条件下,砖红壤胶体对五氯酚具有一定的降解能力,且降解能力与比表面积、表面元素组成、Fe 的游离程度等有关(王旭刚 等,2009)。祝美玲(2018)研究表明土壤胶

体影响雌二醇的迁移转化归宿。

目前,关于多孔介质中胶体对有机污染物迁移影响的研究多采用土柱模拟试验方法,乔肖翠等(2014)研究发现随着胶体浓度的增加,对多环芳烃类有机物在多孔介质中的迁移影响从抑制变为促进作用。除物理吸附外,胶体还可以改变有机污染物的化学形态,影响有机污染物的迁移转化机制。Persson 等(2008)通过土柱淋滤模拟试验,研究疏水性有机物的迁移能力,研究发现疏水性强的有机物易于与胶体结合,因此如果没有考虑胶体对有机污染物迁移能力的影响,污染物的污染风险可能被低估。Zou 等(2013)通过向土柱中通入低疏水性抗生素和有机质胶体,发现胶体对抗生素的迁移影响是通过物化作用实现的。Shen 等(2015)研究了噻枯唑与蒙脱石胶体在多孔介质中的共迁移行为,研究表明噻枯唑与介质表面的金属/金属氧化物发生配位体交换作用而被滞留于介质中,当蒙脱石胶体存在时,其与噻枯唑之间的竞争吸附作用使噻枯唑迁移性增强。王园园(2017)研究发现 SiO_2 胶体可将雌二醇在河砂砂柱中的穿透率提高 10%。

胶体效应影响下有机污染物的迁移转化过程与水化学条件有关。其中 pH 的变化影响地下水环境中胶体的沉积和释放过程,Tang 和 Weisbrod(2009)研究发现高 pH 条件下胶体易于进入含水层裂隙,增强了其移动性,并且 pH 影响胶体对污染物的吸附能力。乔肖翠等(2014)研究表明,pH 改变有机胶体表面所带电荷的电性,当 pH 升高到中性或碱性时由于空间排斥理论,有机胶体的迁移加快,影响了多环芳烃的迁移速率,因此 pH 是影响胶体挟带污染物迁移的重要影响因素。Wikiniyadhanee 等(2015)试验研究表明高离子强度条件下铅、铬等金属污染物的迁移能力受到抑制。Liang 等(2018)试验结果表明胶体促进抗生素的迁移,但随着离子强度的升高发生竞争吸附,使这种促进能力受到抑制,且影响程度与金属离子的种类有关。邵珍珍等(2018)研究不同离子强度 SiO_2 胶体对土壤中磺胺类抗生素的迁移,低离子强度促进了磺胺嘧啶的迁移;随着离子强度的增加,胶体絮凝沉淀抑制了磺胺嘧啶的迁移。

已有研究表明,胶体对有机污染物在多孔介质中的迁移作用既可表现为促进作用,又可表现为抑制作用,其影响机制不仅与有机污染物自身的理化性质有关,也与土壤介质中胶体的性质有关(Roy et al.,1997)。人工回灌过程中水源的注入导致地下水流速、流向等水动力条件发生变化,在剪切力的影响下使部分物质转变成胶体态;此外,回灌水源与地下水水化学条件的差异性使得回灌过程中地下水环境发生化学扰动也促进了胶体态的析出。因此,回灌过程中胶体效应对污染物的迁移作用影响不容忽视。虽然目前针对胶体影响有机污染物的迁移转化作用进行了一系列研究,但有机污染物主要集中在内分泌干扰物、抗生素、化肥农药类,对耦合胶体效应影响下 DBPs 在饱和多孔介质中的迁移转化作用机制还鲜有研究。因此,人工回灌过程中耦合胶体效应影响下 DBPs 的迁移转化机制有待于进一步深入探索。

第二章　研究区概况

第一节　区域概况

一、自然地理概况

威海市乳山市位于山东半岛的东南端(北纬36°41′~37°08′,东经121°11′~121°51′),东邻文登区,西毗海阳市,北接烟台市牟平区,南濒黄海,与韩国、日本隔海相望(见图2-1)。东西最大横距60 km,南北最大纵距48 km,总面积1 665 km²。青威高速公路、烟海高速公路、G309国道、S202省道和济威铁路穿境而过。乳山市是山东省工农业发展水平较高的地区之一,随着工农业的迅速发展,用水需求不断增加,乳山市境内河流均为山区型河流,年内径流不均匀,造成水资源供需矛盾日益突出。

图2-1　乳山市地理位置图

二、气象水文

乳山市属典型的暖温带海洋性季风气候,四季分明,具有气候温和、温差较小、雨水丰沛、光照充足、无霜期长的特点。历年平均日照数为 2 572.7 h,平均气温 11.8 ℃,平均气压 1 013 hPa,平均无霜期 206 d,平均相对湿度为 70%。秋、冬季以北风、西北风为主,春、夏季以南风、东南风或西南风为主,历年平均风速为 3.2 m/s。

乳山市多年平均降水量为 753.2 mm,保证率 50%、75%、95%时,年降水量分别为 734.3 mm、593.8 mm、425.8 mm。由于受季风气候的影响,降水量年内分布极不均匀,汛期(6~9月)降水量占全年降水量的 74.5%,雨量高度集中在汛期,尤其是 7 月、8 月占全年降水量的 50%以上。降水量年内分配不均使水资源开发利用难度较大。降水量年际之间变化较大,年降水量最大的 1964 年为 1 345.5 mm,年降水量最小的 1999 年仅为 360.3 mm,丰枯比为 3.73:1。

三、河流水系

乳山市境内河流属半岛边沿水系,为季风区雨源型河流,河床比降大、源短流急、暴涨暴落,径流量受季节影响差异较大,枯水季节多断流。全市共有大小河流 393 条,其中 2.5 km 以上的 71 条。河流分属黄垒河、乳山河两大水系和南部沿海直接入海河流。

乳山河是乳山市第一大河,发源于马石山南麓的垛鱼顶,全长 65 km,总流域面积 1 043 km²,其中烟台市牟平县境内流域面积为 140.7 km²,威海乳山市境内流域面积为 875.1 km²。流域内主要支流有崖子河、大崮头河、白石河、流水头河、诸往河、崔家河、司马庄河、锯河等河流。乳山河属半岛独流入海河流,于乳山口注入黄海,为季风区雨源型河流。

四、试验场地概况

本次研究试验场地位于乳山市乳山河地下水库上级库库区内(见图 2-2),研究的试验监测区域为 15 m×15 m 的正方形区域,场地面积约为 225 m²,试验场地北侧为乳山河地下水库上级坝,西侧为乳山河,距离乳山河 35 m。

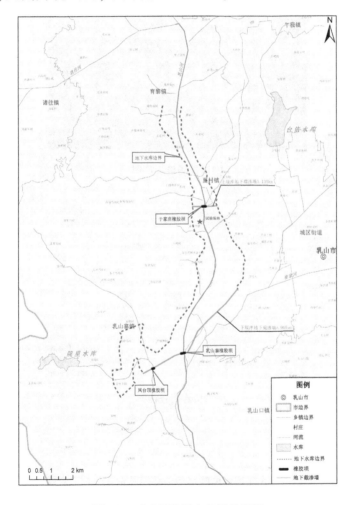

图 2-2 试验场地所在位置示意图

人工回灌试验场地现场图及钻孔分布示意图如图 2-3 所示。

(a)试验场地现场图

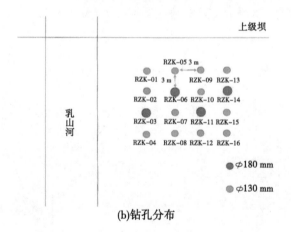

(b)钻孔分布

图 2-3　人工回灌试验场地现场图及钻孔分布示意图

钻孔基本结构信息如表 2-1 所示。

表 2-1　钻孔基本结构信息一览表

编号	孔径/ mm	取芯深度/ m	井深/ m	花管长度/ m	水位埋深/ m
RZK-01	130	—	11.21	8	5.895
RZK-02	130	—	10.94	8	6.035
RZK-03	180	10.4	11.02	8	5.670
RZK-04	130	9	10.98	8	6.080
RZK-05	130	—	10.53	8	5.980
RZK-06	180	—	9.38	8	5.895
RZK-07	130	10.4	10.01	8	5.795
RZK-08	130	—	9.33	8	5.765
RZK-09	130	—	10.65	8	5.895
RZK-10	130	—	11.05	8	6.026
RZK-11	180	9	7.38	8	5.760
RZK-12	130	—	8.96	8	5.540
RZK-13	130	—	11.04	8	5.960
RZK-14	180	—	10.82	8	6.035
RZK-15	130	10.4	10.96	8	5.885
RZK-16	130	—	10.37	8	5.645

第二节　地质、水文地质概况

一、地质构造

按山东大地构造单元分区,试验场地所在区域位于鲁东迭台隆(Ⅱ₃)-文登-夏村台拱(Ⅲ₁₂)区。区内在变质岩区内以褶皱和韧性变形为主,并形成各种产状的面状和线性构造。燕山

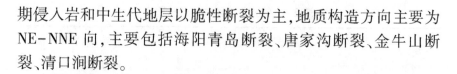
期侵入岩和中生代地层以脆性断裂为主,地质构造方向主要为NE-NNE 向,主要包括海阳青岛断裂、唐家沟断裂、金牛山断裂、清口涧断裂。

二、地形地貌

试验场地所在区域地处胶东中低山丘陵区,北部和东西两侧多低山,中南部多丘陵,间有低山,地势呈簸箕状由北向南台阶式下降。该区大的地貌分区属鲁东剥蚀构造为主低山丘陵区(Ⅲ),按地貌成因类型可划分为中切割剥蚀构造低山丘陵亚区(Ⅲ₁)、弱切割剥蚀构造丘陵亚区(Ⅲ₂)以及堆积山间平原、滨海平原亚区(Ⅲ₅)三个地貌分区。试验场地地势平缓,位于弱切割剥蚀构造丘陵亚区,海拔高程为 6.1~6.6 m。

三、地层岩性

试验场地所在区域地层属华北地层大区晋冀鲁豫地层区鲁东地层小区,区域内总体为剥蚀区,在低洼地带接受第四系沉积。

区域内第四纪地层广泛分布,第四系全新统地层主要为冲洪积相的壤土、细砂、砾质粗砂等松散堆积物,分布在山前、河流两侧及河床、河漫滩处;地下水库库区以南出露海陆交互相的淤泥质黏土、中细砂等;官庄村以西的风成相细砂呈带状分布。岩性简述如下。

沂河组(QHy):为现代河床冲积物,分布于现代河床中,可构成低河漫滩,常与临沂组呈过渡关系,岩性以砾石、粗砂砾、中细砂为主,交错层理发育,厚度一般为 1~8 m。

寒亭组(Qhht):为风成堆积物,分布在乳山河东侧,面积近 2 km²。地貌以新月形-弧形沙丘为特征。岩性为黄白色细砂,矿物成分以石英为主,磨圆良好,具水平层理及弧形斜层理,沉积物疏松,厚度一般为 1~5 m。

潍北组(Qhw):为海陆交互相沉积地层,分布在凤台顶村东南侧,岩性主要有灰褐色中细砂、淤泥质壤土,局部夹有河流相含砂壤土等,厚度一般为3~16 m。

临沂组(Qhl):为河流相冲积物,主要分布于现代河流两侧Ⅰ级阶地的冲积相碎屑沉积。主要岩性为黄色含砂壤土、黏土质粉砂、砂砾层,具斜层理和交错层理,厚度为5~10 m。

山前组(QŜ):呈长条状分布于山前倾斜地带,主要岩性为褐红色黏土、砂质黏土、黏土质砾砂层,厚度变化较大,一般为1~10 m。

研究区内基岩主要为一套中生代燕山晚期的侵入岩,岩性主要为二长花岗岩、黑云二长花岗岩,中粗粒结构,块状构造,局部呈弱片麻状,主要矿物成分为斜长石、钾长石、云母和石英,地表岩石风化程度较深。在乳山河地下水库库尾南北山一带,以及库首乳山屯村附近出露下元古界荆山群变质岩,岩性主要为黑云变粒岩、透辉大理岩、透辉变粒岩等。

试验场地钻孔岩性柱状图如图2-4所示。

四、水文地质概况

(一)地下水类型

试验场地所在区域的地下水类型按含水层性质及埋藏条件可分为第四系孔隙潜水和基岩裂隙潜水两种类型。

(1)第四系孔隙潜水。第四系孔隙潜水为研究区内主要地下水类型,主要赋存于乳山河及支流河床地层中,少量赋存于河床两岸山前坡洪积地层中。含水层主要为河流相的细砂、中细砂、中粗砂、砾质粗砂,砂层的渗透系数一般为11.63~41.16 m/d。由于局部存在一定黏性土,其透水性较弱,受其影响,局部地下水具有一定微承压性。但其分布不连续,且在河流切割作用下,主要含水层水力联系较为密切。

(2)基岩裂隙潜水。基岩裂隙潜水主要分布于乳山河地下

时代	层底埋深/m	分层厚度/m	岩性	井结构图	岩性描述	岩芯采取率/%
	0.3	0.3	粉质黏土		棕色	95
	0.96	0.66	粉细砂		黄色	95
	2.4	1.44	细砂		黄色	95
	2.88	0.48	粉细砂		黄色	99
	3.36	0.48	中砂		黄色	95
	4.5	0.65	粉细砂		含小砾石,黄色	85
	5.15	0.65	中砂		含砾石,黄色	80
Q4	6.20	1.05	粗砂		含砾石,黄色	99
	6.40	0.2	粉质黏土		棕色	99
	10.20	3.80	粗砂		含砾石,黄色	99
	10.40	0.20	风化砂		黄色,不透水层	99

图 2-4 回灌场地水文地质钻孔综合柱状图

水库库区边界中生代燕山晚期的侵入岩风化构造裂隙中,下元古界荆山群变质岩风化裂隙中也有少量分布。因基岩所处的构造部位、地貌单元、埋藏条件不同,富水性及透水强度变化很大,一般单位出水量小于 1 $m^3/(h \cdot m)$。

(二)地下水补、径、排条件

第四系孔隙潜水的主要补给来源为大气降水补给、河川径流、基岩裂隙水侧渗补给,地下水的排泄方式以侧向径流排泄为主,此外还包括潜水蒸发和河流排泄,由于乳山河两岸含水层渗透性较强,在河水位较低时,地下水向河流排泄,地下水总体流向为由北向南。

2019年7月试验场地地下水等水位线图如图2-5所示,天然状态下试验场地内地下水总体流向为由东北向西南,平均水力坡度为1%~2%,流速较慢。

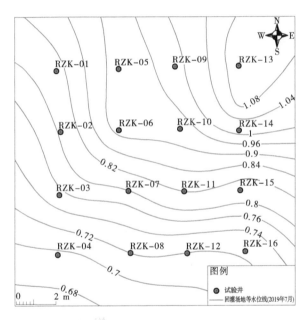

图2-5　试验场地地下水等水位线图(2019年7月)

第三节　样品采集与测试

一、含水层介质样品的采集与保存

试验场地浅层地下水主要赋存于第四系孔隙含水层,也是本次回灌试验的目标含水层。在钻孔钻进过程中,对包气带、含水层介质样品以1.5 m为间隔进行取芯(见图2-6),根据深度对不同岩性土壤样品进行取样,用于测试土壤粒径级配、矿物组成、化学组成、有机质含量及其他理化性质等;各土壤样品的采集与保存方法见表 2-2。

图 2-6　钻孔取芯样品

表 2-2　含水层介质样品的采集与保存方法

样品类别	项目	储存容器	保护剂及保存条件
介质样品	物理性质	铝盒	4 ℃密封保存
	化学性质	密封袋	4 ℃密封保存
	微生物	10 mL 灭菌离心管	−80 ℃冷冻保存

二、水体样品的采集与保存

回灌试验前,分别对河水、回灌水源及原生地下水样品进行采集。其中地下水样品采集前应进行洗井处理,保证采集到的地下水样品能准确反映其性质,本次利用 1 m^3/h 的潜水泵小流量抽水洗井,待电导率、pH、温度等现场指标稳定后洗井结束,开始采集水样。

为保证各指标测试结果的准确性,将取到的水体样品现场测试 pH、氧化还原电位(Eh)、溶解氧(DO)、溶解性总固体(TDS)、电导率等环境要素;其他指标采样量根据测试指标的采样要求确定,并同时采集空白样和平行样。为了避免各种物理、化学和生物因素对采集的水样产生干扰,采集的水样根据测试项目的要求,采用规定的容器存储,并添加适当的化学保护剂,样品采集后冷藏(4 ℃)保存,并于一周内完成分析。分析项目主要包括阴阳离子浓度测试(阴离子包括 Cl^-、NO_3^-、SO_4^{2-}、HCO_3^-、CO_3^{2-},阳离子包括 K^+、Na^+、Mg^{2+}、Ca^{2+}、NH_4^+)、TOC、总 Fe、Fe^{2+}、总 Mn、SiO_2 浓度、微生物等指标。各样品的采集及保存方法见表 2-3。

表 2-3 人工回灌试验场地水样品的采集与保存

项目	储存容器	保护剂及保存条件
阳离子	60 mL 聚乙烯瓶	4 ℃
阴离子	60 mL 聚乙烯瓶	4 ℃
Fe^{2+}	100 mL 聚乙烯瓶	加 $1:1H_2SO_4$ 1 mL 和加 $(NH_4)_2SO_4$ 0.1 g,4 ℃
HCO_3^-/CO_3^{2-}	100 mL 棕色玻璃瓶	避光,4 ℃
SiO_2	100 mL 聚乙烯瓶	4 ℃
TOC	50 mL 棕色玻璃瓶	不留顶空,水样加 H_2SO_4 调至 pH<2,4 ℃
总 Fe、总 Mn	100 mL 聚乙烯瓶	加 HNO_3 调至 pH 为 1~2,4 ℃
微生物	2 L 聚乙烯桶	4 ℃
挥发性有机物	40 mL 棕色安捷伦瓶	4 ℃

三、微生物样品的采集与制备

为研究人工回灌过程中地下水微生物背景特征、试验过程中微生物群落结构的多样性及动态特征,于 2019 年 7 月对人工回灌试验场地的含水层介质、回灌水源、原生地下水及试验过程中地下水的微生物样品进行采集,采集土壤样品 3 件(钻孔 RZK-03、RZK-06、RZK-11,埋深为 6~8 m 的土壤样品),回灌前河水、回灌水源及原生地下水样品各 1 件,试验过程中采集 RZK-04 监测井中地下水样品 4 件,其中有胶体、无胶体条件试验组分别采集 2 件。土壤样品的采集采用五点取样法，试验前取目标回灌层中的含水层介质置于 10 mL 灭菌离心管；由于地下水中微生物含量较低，因此需对地下水中的微生物进行过滤富集，即利用真空泵及抽滤装置，取地下水样品 3 L 过 0.22 μm 孔径的混合纤维素膜，使水样中的微生物截留在混合纤维素膜上，将抽滤后的滤膜剪碎置于经过灭菌处理的离心管中（见图 2-7）。上述样品均置于干冰中冷冻（-80 ℃），并迅速运至实验室测试。各微生物样品编号及基本信息如表 2-4 所示。

图 2-7　现场微生物样品采集与制备装置

表 2-4　各微生物样品编号及基本信息

样品编号	样品种类	采集井位	取样时间/min
T1	土壤	RZK-03	0
T2	土壤	RZK-06	0
T3	土壤	RZK-11	0
H1	河水	—	0
S1	回灌水	—	0
D1	原生地下水	RZK-04	0
Z1	A1 地下水	RZK-04	170
Z2	A1 地下水	RZK-04	1 980
Z3	A2 地下水	RZK-04	170
Z4	A2 地下水	RZK-04	1 980

四、水、土样品测试与分析

各样品具体测试项目及仪器见表2-5。

表2-5　各样品测试项目及仪器

	测试项目	测试仪器	生产厂家
含水层介质特性	粒径组成	激光粒度分析仪（Bettersize2000）	丹东市百特仪器有限公司
	孔隙度、密度及含水率	环刀法	—
	表面形态特征	场发射扫描电子显微镜（XL-30 ESEM FEG）	美国 FEI 公司
	元素含量	X 射线能谱仪（X-EDS）	英国牛津仪器公司
	矿物成分	广角 X 射线衍射仪（D8 ADVANCE）	德国 BRUKER 公司
	有机质含量	TOC 分析仪（SSM-5000A）	日本 SHIMADZU 公司
	微生物群落结构	NovaSeq PE250	送测
水样现场指标	pH	pH 计	上海仪电科学仪器股份有限公司
	电导率	电导率测定仪	
	溶解性总固体 TDS		
	溶解氧（DO）	溶解氧测定仪	
	氧化还原电位（Eh）		
水化学指标	阴离子	离子色谱	送测
	阳离子	原子吸收分光光度计	送测
	TOC	TOC 分析仪	送测
	总 Fe、总 Mn	原子荧光光度计	送测
	微生物群落结构	NovaSeq PE250	送测
	挥发性有机物	气相色谱-质谱联用仪	美国安捷伦公司

第四节　试验场地水、土特征分析

一、含水层介质特征分析

（一）含水层介质的基本性质

将取得的场地介质样品经风干、捣碎,过 60 目的标准筛除去大颗粒杂质后进行基本理化性质的测试分析,主要包括:粒径级配、孔隙度、含水率、密度、比表面积、pH 和有机质含量等。

本次研究采用激光粒度分析仪对试验场地不同类型的含水层介质样品粒径级配进行测试分析,得到各样品的颗粒级配曲线如图 2-8 所示,粒径级配分析结果见表 2-6。

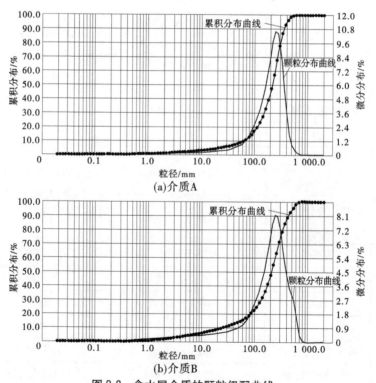

图 2-8　含水层介质的颗粒级配曲线

表 2-6 含水层介质的颗粒级配分析

粒径范围/mm	>2	2~0.5	0.5~0.25	0.25~0.075	0.075~0.05	<0.05
介质 A/%	0	1.19	34.83	52.07	3.60	8.31
介质 B/%	0.04	6.22	42.71	33.24	3.79	14.00

其中介质 A 的平均粒径 D50 为 0.21 mm,介质 B 的平均粒径 D50 为 0.26 mm。根据《建设用砂》(GB/T 14684—2022)标准,可以判定介质 A 为细砂、介质 B 为中粗砂。

含水层介质的主要理化性质分析结果见表 2-7。

表 2-7 含水层介质的主要理化性质

介质类型	含水率/%	密度/(g/cm³)	比表面积/(m²/g)	pH	有机质/%
细砂	15.5	1.97	0.051	3.60	0.49
中粗砂	5.8	1.52	0.062	3.79	0.16

(二) 含水层介质的矿物组成

本次研究采用广角 X 射线衍射仪分析测定目标含水层介质的矿物组成,分别对细砂和中粗砂样品进行矿物成分的测定。衍射条件为步进长度 0.02°(2θ)、扫描速度为 6/min、扫描范围为 0°~100°。不同含水层介质的 X 射线衍射峰谱图如图 2-9 所示。

各种矿物所占比例的计算公式为(俞旭 等,1984):

$$X_a = \frac{I_a r_a}{\sum\limits_{i=0}^{n} I_i r_i} \times 100\% \qquad (2-1)$$

式中　X_a——物相 a 的相对百分含量;

I_a——物相 a 的窗口衍射强度;

r_a——物相 a 的窗口衍射的强度因子;

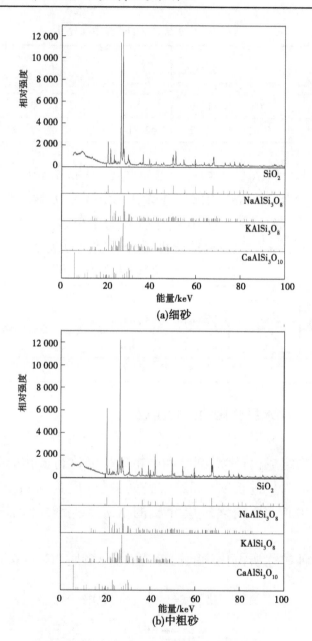

图 2-9 不同含水层介质的 X 射线衍射峰谱图

n——总物相数。

通过式(2-1)计算的各种矿物组分所占比例如图 2-10 所

示。从图 2-10 中可以看出,研究区含水层介质矿物组成主要为石英(SiO_2),其次为钠长石 $NaAlSi_3O_8$、钙长石 $CaAlSi_3O_{10}$、钾长石 $KAlSi_3O_8$,此外还含有白云石、方解石及高岭土。细砂和中粗砂的主要矿物组分及其百分含量相似。

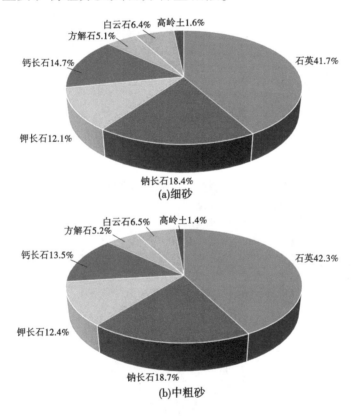

图 2-10　目标含水层介质主要矿物组分含量

(三)含水层介质的微观结构

为了查明含水层介质表面形态、元素种类及含量分析,对含水层介质分别进行场发射扫描电子显微镜(ESEM)和 X 射线能谱分析(X-EDS),测试结果如图 2-11 所示。试验场地含水层介质表面凹凸不平,具有丰富的孔隙结构;与细砂相比,中粗砂表面较为粗糙,且分选更不均匀,形状表现为不规则,介质表面特征差异影响其对污染物的吸附能力。

(a)细砂

(b)中粗砂

图 2-11 电子显微镜扫描及能谱分析

通过 XL-30 ESEM FEG 场发射扫描电子显微镜对含水层介质进行介质组成元素能谱分析可知,两种含水层介质所含元素类型基本相同,主要由 O、C、Si、Al、Fe、K、Na 和 Mg 元素组成,但中粗砂介质中,Si 元素和 Fe 元素含量所占比例高于细砂(见表 2-8)。

表2-8　含水层介质矿物组成

样品类型	C	O	Na	Mg	Al	Si	K	Fe
细砂/%	17.88	51.65	0.79	0.5	7.72	16.61	2.5	2.35
中粗砂/%	16.06	46.67	1.3	0.48	7.99	20.27	2.55	4.68

二、水环境特征分析

人工回灌试验前,分别对河水、回灌水源及原生地下水的环境要素、典型水化学组分、重金属特征进行测试分析。

(一)水环境要素特征

本次试验的回灌水源为乳山河河水,回灌前加入消毒剂进行消毒处理。河水、回灌水源及原生地下水的水环境要素背景条件如表2-9所示。

表2-9　各回灌场地的水环境要素背景条件汇总

指标	pH	电导率/ (μS/cm)	DO/ (mg/L)	TDS/ (mg/L)	氧化还原 电位/mV
河水	7.54	486.29	4.2	324	−87.5
回灌水源	8.45	1 180.24	8.5	447	−23.9
原生地下水	7.79	646.20	3.1	380	−122.5

1. 电导率和 TDS

由表2-9可以看出,原生地下水和河水的电导率分别为646.20 μS/cm 和 486.29 μS/cm,TDS 分别为 380 mg/L 和 324 mg/L,电导率和 TDS 值相近;当河水中加入 $NaClO_{(aq)}$ 进行消毒处理后,NaClO 发生水解作用形成 Na^+,使得电导率和 TDS 值增大。

2. 氧化还原环境

本次人工回灌试验的目标层位为潜水含水层,地下水位较浅,由于微生物作用消耗氧气,DO 含量为 3.1 mg/L,氧化还原电位(Eh)为-122.5 mV;河水和回灌水源的 DO 和氧化还原电位较高,河水的 DO 为 4.2 mg/L,氧化还原电位为-87.5 mV,属于还原环境,而加入 $NaClO_{(aq)}$ 后 DO 含量增加,这是由于 $NaClO_{(aq)}$ 的加入不利于水体中部分好氧微生物的生长,而空气中的 DO 不断溶于回灌水源中造成的。

3. pH

河水和原生地下水均为中性水,pH 分别为 7.54 和 7.79;回灌水源呈弱碱性,pH 为 8.45,这是由于加入 $NaClO_{(aq)}$ 后发生水解作用形成 OH^-,使得回灌水源的 pH 增大。

(二)水化学组分特征

对回灌场地的地表水、回灌水源及原生地下水的主要阴离子、阳离子及 TOC 值进行测试,测试结果如图 2-12 所示。回灌水源和原生地下水的主要阴离子、阳离子浓度存在一定差异,回灌水源与原生地下水水质相比,回灌水源中 Na^+、Ca^{2+}、Mg^{2+}、Cl^-、SO_4^{2-}、CO_3^{2-} 的浓度大于原生地下水,而原生地下水中 HCO_3^-、NO_3^- 的浓度大于回灌水源;此外,回灌水源的 TOC 值明显高于原生地下水,高 TOC 值的回灌水源的注入为地下水中 $CHCl_3$ 的二次形成作用提供了反应条件。

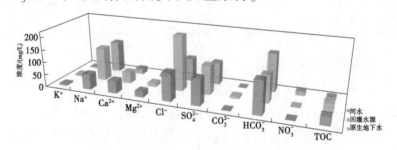

图 2-12 各水体阴、阳离子及 TOC 水质指标

本次研究利用 Aquachem 软件对各水样的水化学类型进行分析,用 Piper 图(见图 2-13)分析研究区内原生地下水、河水、回灌水源的水化学类型分布。

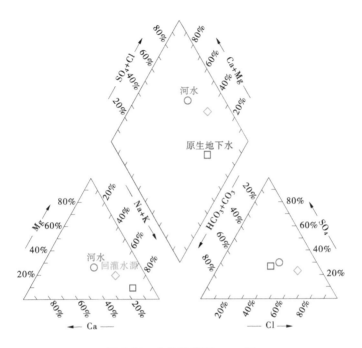

图 2-13 水化学类型 Piper 图

由图 2-12 和图 2-13 可以看出,河水水化学类型为 $Cl \cdot SO_4-Na$ 型水,回灌水源的水化学类型为 $Cl-Na$ 型水,这是由于回灌水源中 $NaClO$ 的加入使得水化学类型发生变化;此外,河水中 HCO_3^- 浓度较高,而氯化消毒后 HCO_3^- 浓度降低,CO_3^{2-} 浓度升高,这是由于 $NaClO$ 水解后形成大量 OH^-,使得 CO_3^{2-} 的水解作用受到抑制,CO_3^{2-} 的水解反应如式(2-2)所示。

$$CO_3^{2-} + H_2O \Longleftrightarrow HCO_3^- + OH^- \qquad (2-2)$$

回灌目标含水层地下水径流缓慢,阳离子交换作用和溶滤作用占主导,原生地下水水化学类型为 $Cl \cdot HCO_3-Na$ 型水,阴离子以 Cl^- 为主,其次是 HCO_3^-;阳离子以 Na^+ 为主,矿化度为 0.380 g/L,属于淡水。

此外,各水源中的 Mn、总 Fe 及 SiO_2 浓度如图 2-14 所示。地下水中 Mn、总 Fe 及 SiO_2 浓度均高于河水和回灌水源。

地下水中 DBPs 的形成、迁移和转化

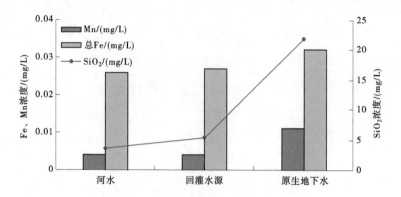

图 2-14　各水体重金属及 SiO₂ 浓度

第三章 试验材料和方法

第一节 试验材料

一、试验试剂和含水层介质

（1）消毒剂：选择目前使用最为广泛的 $NaClO_{(aq)}$ 作为消毒剂，以有效氯浓度作为消毒剂浓度指标。

（2）模拟前体物：地下水中的腐殖酸被认为是形成 DBPs 的主要前体物，故本次试验选用腐殖酸溶液作为模拟前体物，试验前需测定腐殖酸浓度与 TOC 浓度的关系，以 TOC 浓度作为前体物浓度指标。

（3）胶体：选择地下水中普遍存在的 SiO_2 胶体作为典型胶体。

（4）反应终止剂：为控制反应时间，在设定时间点加入足量的硫代硫酸钠（$Na_2S_2O_3 \cdot 5H_2O$）用于消耗余氯，使反应终止。试验前配制 10% 质量浓度的 $Na_2S_2O_3$ 溶液，4 ℃储存备用。

（5）含水层介质：目标回灌层位的含水层介质主要是中粗砂和细砂，本次研究将试验场地采集的介质样品根据颗粒级配进行配置。

此外，试验用水均为去离子水。试验所用的其他主要化学试剂信息见表 3-1。

表 3-1 试验中的其他主要化学试剂

序号	试剂名称	分子式	级别	生产厂家
1	次氯酸钠（有效氯≥10%）	NaClO	分析纯	萨恩化学技术（上海）有限公司
2	腐殖酸	—	生物试剂	天津市光复精细化工研究所
3	硫代硫酸钠	$Na_2S_2O_3 \cdot 5H_2O$	分析纯	国药集团化学试剂有限公司
4	二氧化硅	SiO_2	分析纯	国家标准物质网
5	甲醇	CH_3OH	色谱纯	天津市光复精细化工研究所
6	盐酸	HCl	分析纯	国药集团化学试剂有限公司
7	氢氧化钠	NaOH	分析纯	国药集团化学试剂有限公司
8	氯化钠	NaCl	分析纯	国药集团化学试剂有限公司
9	氯化钙	$CaCl_2$	分析纯	国药集团化学试剂有限公司

二、试验仪器

本研究过程中，试验所用的主要仪器见表 3-2。

表 3-2　试验所用的主要仪器

序号	试剂名称	仪器型号	生产厂家
1	恒温振荡培养箱	HY-2A	江苏科析仪器厂
2	高温灭菌锅	LDZX-30FBS	上海申安
3	总有机碳分析仪	SSM-5000A	日本岛津
4	气相色谱-质谱联用仪	Trace isq	赛默飞世尔科技
5	吹扫-捕集浓缩仪	Atomx	泰克玛公司
6	分析天平	FA1604	上海浦春计量仪器有限公司
7	pH 计	PHS-3G	上海仪电仪器股份有限公司
8	超声波仪	1840T	北京科玺世纪科技有限公司
9	超纯水机	Milli-Q	Millipore Corp., Massachusetts

第二节　试验方法

一、室内模拟试验

(一)试验溶液的制备

室内模拟试验条件的设置主要参考试验场地地下水相关参数确定。

1.地下水背景溶液

一般未受污染的地表水总 TOC 含量在 $10 \sim 20$ mg/L,地下水中总 TOC 含量与地层岩性等相关。前期野外现场测定该试验场地的 TOC 值为 $5 \sim 10$ mg/L,故本试验配制 TOC 浓度为 10 mg/L 的腐殖酸溶液作为储备液模拟地下水背景溶液,即取一定量腐殖酸固体样品用超纯水及 $NaOH_{(aq)}$ 使其在碱性条件下超声溶解,调节溶液 pH 为 7,并通过 0.45 μm 滤膜过滤得到腐殖酸储备液,4 ℃避光保存。

2. 消毒剂储备液

根据相关水质标准,城市供水水质中有效氯含量不得高于 4 mg/L。故本试验中 $NaClO_{(aq)}$ 浓度设置为 0.8 mg/L(以有效氯浓度计算)。考虑有效氯浓度对 $CHCl_3$ 形成过程的影响,设置 $0.25 \sim 8.0$ mg/L 浓度的试验组别。

3. 胶体悬浮液

研究胶体效应对 $CHCl_3$ 形成作用影响的试验组中,选择地下水中普遍存在的 SiO_2 胶体作为典型胶体代表。将纯度为 99.5% 的 SiO_2 胶体粉末加入到地下水背景溶液中混合,并经过超声处理使其分散均匀。

(二)试验方案

1. $CHCl_3$ 形成机制及其影响因素研究

1)胶体效应影响下反应时间对 $CHCl_3$ 形成机制的影响

分别使用 TOC(5 mg/L)溶液、TOC(5 mg/L)+SiO_2(10 mg/L)悬浮液、TOC(5 mg/L)+SiO_2(20 mg/L)悬浮液作为试验原水,加入一定量的 $NaClO_{(aq)}$,使得有效氯含量为 0.8 mg/L,调节 pH 为 7,为防止在生成过程中 $CHCl_3$ 挥发对试验结果造成影响,故将原液依次加入密封的 40 mL 棕色顶空瓶(盖子为内附四氟乙烯硅橡胶垫的塑料螺旋帽)中,试验设置 11 组。均置于振荡箱中以 150 r/min 的速度振荡,并分别在振荡 0.25 h、0.50 h、0.75 h、1.0 h、2.0 h、4.0 h、6.0 h、10.0 h、24.0 h、48.0 h、60.0 h 后取出,用移液枪注入 10% 的 $Na_2S_2O_3$ 溶液 1 mL,消耗溶液中的余氯以终止反应。考虑到地下水水温主要受自然地理环境、地质条件等控制,一般情况下地下水水温较为稳定,故试验过程中控制水温在 15 ℃。试验结束后测试样品中的 $CHCl_3$ 浓度,讨论 $CHCl_3$ 生成过程随时间变化规律。

2)胶体效应影响下氯倍率对 $CHCl_3$ 形成机制的影响

试验分别选择 TOC(5 mg/L)溶液、TOC(5 mg/L)+SiO_2(10 mg/L)悬浮液作为试验原水置于 40 mL 棕色安捷伦瓶中,试验设置 11 组,分别加入一定量的 $NaClO_{(aq)}$,使得氯倍率分别为 0.02、0.04、0.1、0.16、0.24、0.32、0.40、0.50、0.60、1.00、1.60,均置于振荡箱中以 150 r/min 的速度振荡,反应平衡时间由上述试验结果确定,温度等其他试验条件同上。

3)胶体效应影响下 pH 对 $CHCl_3$ 形成机制的影响

试验分别选择 TOC(5 mg/L)溶液、TOC(5 mg/L)+SiO_2(10 mg/L)悬浮液作为试验原水置于 40 mL 棕色安捷伦瓶中,分别加入一定量的 $NaClO_{(aq)}$ 使其有效氯含量为 0.8 mg/L,试验设置 5 组,通过加入 $HCl_{(aq)}$ 和 $NaOH_{(aq)}$ 调节 pH 分别为 5、6、7、8、9,均置于振荡箱中以 150 r/min 的速度振荡,反应时间、温度等其他试验条件同上。

4)胶体效应影响下离子强度及类型对 $CHCl_3$ 形成机制的影响

回灌水源的注入使得水-岩作用下地下水离子强度及类型变化较大,故研究不同离子强度及类型对 $CHCl_3$ 生成的影响。试验分别选择 TOC(5 mg/L)溶液、TOC(5 mg/L)+SiO_2(10 mg/L)悬浮液作为试验原水置于 40 mL 棕色安捷伦瓶中,分别加入一定量的 $NaClO_{(aq)}$ 使其有效氯含量为 0.8 mg/L,试验设置 7 组,分别加入 $NaCl_{(aq)}$ 和 $CaCl_{2(aq)}$ 调节其离子强度分别为 0、0.02 mol/L、0.05 mol/L、0.1 mol/L,均置于振荡箱中以 150 r/min 的速度振荡,反应时间、温度等其他试验条件同上。

5)进一步探究 SiO_2 胶体对 $CHCl_3$ 形成的影响机制

为了进一步探究 SiO_2 胶体对 $CHCl_3$ 形成的影响机制,采用切向流超滤装置(Cross Flow Ultra-filtration,CFU)对有胶体、无胶体条件下达到稳定生成量后的试验溶液进行粒径分级,分析不同形态的 $CHCl_3$ 含量(见图 3-1)。本次切向流超滤系统分为两级,分别采用孔径为 100 nm 和 10 nm 的膜包,将反应溶液粒径分为>100 nm、10~100 nm 和<10 nm 三个等级,其分级流程如图 3-2 所示。此外,利用原子力显微镜 AFM(2D 和 3D,

SPM9700,岛津,日本)研究有胶体、无胶体条件下水体中粒子的形态特征。

图 3-1　切向流超滤装置

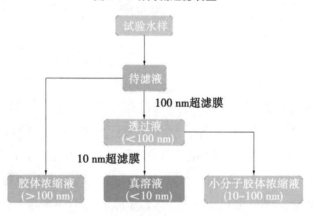

图 3-2　切向流超滤流程

2. 含水层介质对 $CHCl_3$ 的吸附机制研究

1)吸附动力学

称取 10 g 经过高温湿热灭菌和干燥的细砂、中粗砂含水层介质样品若干份,分别置于容积为 120 mL 经高温湿热灭菌处理的棕色广口瓶中,加入 TOC 浓度为 5 mg/L 的腐殖酸溶液,后向每份样品中加入 $NaClO_{(aq)}$ 使有效氯浓度为 0.5 mg/L,不留顶空,加盖密封后置于恒温振荡培养箱中,为保证试验过程中介质颗粒与溶液充分混合,设置转速为 120 r/min,避光振荡。本次研究 $CHCl_3$ 在人工回灌条件下的吸附过程,因此根据场地地下水温度设置试验温度为 15 ℃。将棕色玻璃瓶顺序编号,分别在振荡第 0、0.5 h、1 h、2 h、4 h、6 h、12 h、24 h、48 h、60 h 取 40 mL 上清液,测定 $CHCl_3$ 浓度,根据测定结果计算吸附量、吸附动力学方程和吸附平衡时间。同时设计空白试验和平行试验,降低试验误差。

2)吸附热力学试验

称取 10 g 经过高温湿热灭菌和干燥的细砂、中粗砂含水层介质样品若干份,分别置于 120 mL 经高温湿热灭菌处理的棕色广口瓶中,加入 TOC 浓度为 5 mg/L 的腐殖酸储备液,后向每份样品中加入 $NaClO_{(aq)}$ 使有效氯浓度分别为 0.1 mg/L、0.4 mg/L、0.8 mg/L、1.2 mg/L、1.6 mg/L、2.0 mg/L、2.5 mg/L、3.0 mg/L、5.0 mg/L,不留顶空,加盖密封后放入 15 ℃ 恒温振荡箱内,转速 120 r/min,避光振荡。根据吸附动力学试验得出的两种介质对 $CHCl_3$ 的吸附平衡时间,为确保热力学吸附试验中两种介质对 $CHCl_3$ 的吸附均达到平衡状态,将此次吸附热力学试验的振荡时间设定为 24 h。取样及测试方法同上,确定吸附等温曲线和吸附模式。

3)pH 对岩性介质吸附 $CHCl_3$ 的影响研究

考虑到回灌水源 pH 条件的变化对岩性介质吸附 $CHCl_3$ 的影响,利用稀 HCl 溶液和 NaOH 溶液将试验溶液的 pH 分别调节为 5、7、9,其他试验条件同上,研究 pH 对吸附作用的影响。

4)金属离子对岩性介质吸附 $CHCl_3$ 的影响研究

地下水中存在多种金属离子,考虑金属离子类型、离子强度的变化对岩性介质吸附消毒副产物的影响,本次试验分别选用 $NaCl$、$CaCl_2$ 溶液调整吸附试验过程中的离子强度为 0、0.02 mol/L、0.05 mol/L、0.1 mol/L,其他试验条件同上,研究金属离子对吸附作用的影响。

3. 地下水中 $CHCl_3$ 的生物降解机制研究

1）地下水中 $CHCl_3$ 的生物降解动力学试验

称取 10 g 经过自然风干处理的细砂、中粗砂未灭菌介质样品若干份,分别置于 120 mL 经灭菌处理的棕色广口瓶中,加入 TOC 浓度为 5 mg/L 的腐殖酸溶液,后向每份样品中加入 $NaClO_{(aq)}$ 使有效氯浓度为 0.5 mg/L,不留顶空,避光、加盖密封置于振荡培养箱中,转速 120 r/min,温度设置为 15 ℃。分别于 0.25 h、0.5 h、1 h、2 h、4 h、6 h、12 h、24 h、48 h、60 h 取 40 mL 上清液,测试水中 $CHCl_3$ 浓度及 TOC 浓度,并与吸附动力学试验结果对比,每个时刻试验结果与吸附试验结果的差值为微生物降解累积量,分析生物降解过程。该试验操作均在无菌条件下进行。

2）不同初始浓度 $CHCl_3$ 在地下水中的生物降解试验

称取 10 g 经过自然风干处理的细砂、中粗砂未灭菌介质样品若干份,置于 120 mL 经灭菌处理的棕色玻璃瓶中,加入 TOC 浓度为 5 mg/L 的腐殖酸溶液,后向每份样品中加入 $NaClO_{(aq)}$ 使有效氯浓度为 0.1 mg/L、0.4 mg/L、0.8 mg/L、1.2 mg/L、1.6 mg/L、2.0 mg/L、2.5 mg/L、3.0 mg/L、5.0 mg/L,不留顶空,避光、加盖密封置于 15 ℃ 的振荡培养箱中,120 r/min 的转速振荡 24 h,吸附平衡后取 40 mL 上清液,测定 $CHCl_3$ 浓度及 TOC 浓度,并与吸附热力学试验结果对比。该试验操作均在无菌条件下进行。

3）微生物浓度的测定

微生物降解试验过程中水样中微生物个数通过希里格式血球计数板在显微镜下直接计数获得。计算公式见式（3-1）：

$$微生物数目 = 每小格微生物数 \times 400 \times 10^4 \times 稀释倍数 \tag{3-1}$$

采用血球计数板在显微镜下直接计数获得的细砂、中粗砂在试验过程中的微生物数目分别为 1.48×10^6 个/mL、5.6×10^5 个/mL。

4.人工回灌条件下 $CHCl_3$ 的迁移规律研究

1）试验装置

本次研究采用长 20 cm、内径 3.2 cm、壁厚 1 cm 的有机玻璃柱进行土柱模拟试验，玻璃柱内壁进行磨砂处理有效防止优先流的存在。分别采用干法填充向有机玻璃柱子内均匀填充细砂、中粗砂含水层介质，并在两端放置一定孔径的滤膜，防止介质流出堵塞装置，使得柱子的孔隙度分别为 0.32～0.35、0.34～0.37。

迁移试验装置示意图如图 3-3 所示，试验前，蠕动泵作为供水动力装置自下向上通入腐殖酸溶液进行饱水，并利用重量法计算介质的孔隙度。试验过程中，通过调节三通调节阀，使得回灌水源与腐殖酸背景液分别同时自下而上通过柱子，流出液通过在线监测系统在线监测电导率、pH、Eh 值随时间的变化，用自动收集器收集流出液，利用气相色谱–质谱联用仪测定 $CHCl_3$ 浓度。为了模拟回灌过程中地下水环境，层析柱与试验溶液均置于恒温箱中 15 ℃保存。紫外分光光度计用于示踪试验测定示踪剂 I^- 浓度。

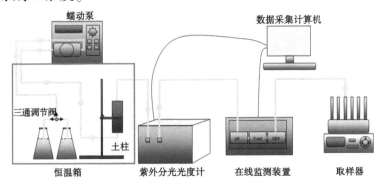

图 3-3　迁移试验装置示意图

2）示踪试验

为了获取土柱孔隙体积、纵向弥散系数等基本参数，在土柱迁移试验前进行示踪试验，为回灌过程中 $CHCl_3$ 的迁移转化模型提供参数。通常选择性质稳定、不易发生反应的物质作为示踪剂,本次研究采用 KI 作为示踪物质,以 I⁻ 作为示踪离子,采用紫外分光光度计在线监测特征波长处吸光度的变化。首先建立 I⁻ 浓度与其对应波长的吸光度值的标准曲线。对 KI 溶液 190～1 100 nm 波长范围进行全扫描,KI 溶液在 226 nm 处有明显的吸收峰,选择该波长作为特征波长。配制浓度分别为 0.5 mg/L、1.0 mg/L、2.0 mg/L、4.5 mg/L、9.0 mg/L 的 I⁻ 标准浓度溶液,测其在 226 nm 下的吸光度值并绘制标准曲线,结果如图 3-4 所示。

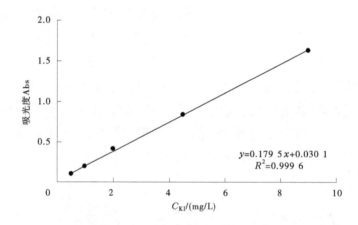

图 3-4　KI 溶液浓度与吸光度值标准曲线

根据标准曲线可以看出,在该浓度范围内,KI 溶液浓度与吸光度具有良好的线性相关关系,相关度大于 0.999。本次试验选用浓度为 5 mg/L 的 KI 溶液进行示踪试验,采用紫外分光光度计进行在线监测。

分别采用填装细砂、中粗砂介质的模拟柱进行示踪试验。试验前使用 10 mg/L 腐殖酸溶液对模拟柱进行饱水,排出土柱内气泡,待出流液 pH 稳定后通入 KI 溶液,水流经模拟柱通入紫外分光光度计流通池在线监测 I⁻ 吸光度变化,通过标准曲线计算 I⁻ 浓度。通入 5 孔隙体积(pore volume,PV)示踪溶液后调节三通换成腐殖酸溶液,待出流液稳定且无I⁻存在试验结束。

3)CHCl₃在含水层中的迁移试验

分别研究不同的含水层介质、水化学条件和水动力条件对回灌过程中CHCl₃迁移规律的影响,主要开展了5部分动态迁移试验(见表3-3):

(1)不同孔隙介质(细砂、中粗砂)条件下,CHCl₃在多孔介质中的迁移过程。

(2)不同初始有效氯浓度(0.25 mg/L、0.5 mg/L、1.0 mg/L)条件下,CHCl₃在多孔介质中的迁移过程。

(3)不同pH(pH = 5、7、9)条件下,CHCl₃在多孔介质中的迁移过程。

(4)不同离子强度 IS(IS = 0、IS = 0.02 mol/L、IS = 0.05 mol/L)、阳离子类型(Na⁺、Ca²⁺)条件下,CHCl₃在多孔介质中的迁移过程。

(5)不同流速(v=0.10 mL/min、0.20 mL/min、0.40 mL/min)条件下,CHCl₃在多孔介质中的迁移过程。

表3-3 动态迁移试验条件设计

编号	影响因素	含水层介质	初始浓度/(mg/L)	pH	离子强度 IS/(mol/L)	流速/(mL/min)
A1	含水层介质	中粗砂	0.5	7	0	0.20
A2		细砂	0.5	7	0	0.20
A3	初始浓度	中粗砂	0.25	7	0	0.20
A1		中粗砂	0.5	7	0	0.20
A4		中粗砂	1.0	7	0	0.20
A5	pH	中粗砂	0.5	5	0	0.20
A1		中粗砂	0.5	7	0	0.20
A6		中粗砂	0.5	9	0	0.20

续表3-3

编号	影响 因素	含水层 介质	初始浓度/ (mg/L)	pH	离子强度 IS/ (mol/L)	流速/ (mL/min)
A1		中粗砂	0.5	7	0	0.20
A7	IS(NaCl)	中粗砂	0.5	7	0.02	0.20
A8		中粗砂	0.5	7	0.05	0.20
A1		中粗砂	0.5	7	0	0.20
A9	IS(CaCl$_2$)	中粗砂	0.5	7	0.02	0.20
A10		中粗砂	0.5	7	0.05	0.20
A11		中粗砂	0.5	7	0	0.10
A1	流速	中粗砂	0.5	7	0	0.20
A12		中粗砂	0.5	7	0	0.40

　　试验前,通过以 0.2 mL/min 的地下水流速(对应的达西流速为 0.9 m/d,较好地模拟人工回灌条件下研究区内地下水流速),自下向上连续通入腐殖酸溶液以排除气泡,使模拟柱达到饱和。

　　各组试验主要分为两个部分:第一部分(Stage Ⅰ)为吸附阶段,即使腐殖酸溶液和 NaClO$_{(aq)}$ 溶液同步通入模拟柱,该试验部分持续 6PV;第二部分(Stage Ⅱ)为淋滤阶段,使用超过 10 PV 的腐殖酸溶液进行冲洗,两部分试验通过三通阀控制流入液种类。流出液通过在线监测系统在线监测试验过程中 pH、电导率、氧化还原电位(ORP)的变化规律,并使用自动取样器每 30 min 收集一个样品,由于该试验过程涉及 NaClO 与腐殖酸的反应,在每个取样器中提前注入 1 mL Na$_2$S$_2$O$_3$ 溶液,防止试验后生成反应的进一步发生。

二、场地人工回灌试验

(一) 示踪试验

为研究人工回灌条件下 $CHCl_3$ 在地下水中的迁移转化规律,试验前通过开展示踪试验查明人工回灌场地地下水水力特征,确定含水层的纵向、横向弥散系数。本次示踪试验于 2019 年 7 月 2~3 日进行,共计 48 h。主要研究一维水流影响下的二维弥散问题,在一维流场内设置一个投源井加入示踪剂溶液,在地下水主要流向及非主要流向上均设置监测井,观测各监测井中地下水示踪剂浓度变化,通过相应的计算方法求得相关参数。

1. 示踪剂的选择与制备

为了更好地模拟溶质的运移而又不对地下水造成污染,同时又具有较强的可操作性,理想的示踪剂应当具有无毒、无害、安全、易溶于水、不溶于油,而且化学成分稳定,不在地下水中大量存在且不易与地层岩石及流体发生化学反应,不改变地下水的密度、黏度、流向等天然性质。从保护地下水安全的角度,且便于现场对示踪剂浓度变化的监测,本次示踪试验选择食盐 (NaCl) 作为模拟示踪剂,制备电导率为 8 000 μS/cm(NaCl 浓度为 1 250 mg/L)的示踪水源(见图 3-5),通过对电导率和 TDS 的监测获得地下水水力特征及示踪剂的浓度分布特征。

图 3-5　示踪剂的制备

2. 示踪剂的投放

为了更好地捕捉示踪试验过程中示踪剂在含水层中的穿透过程,在人工回灌试验场地选择 1 眼投源井,投源方式采用在短时间内一次性完成注入,以便形成一个示踪剂高浓度团随地下水运移。本次研究利用流量为 2 m^3/h 的潜水泵将示踪水源短时间内连续注入到地下水中,累计回灌量为 5.7 m^3,同时测量各监测井地下水电导率和 TDS 值,进而计算出示踪剂浓度变化。

3. 试验孔布设及监测方案

本次试验场地地下水水流方向为北东-南西方向,布设两类示踪试验钻孔(投源井、监测井)。结合前期水文地质抽水试验过程中抽水井与监测井的水位响应程度,本次示踪试验选择 RZK-07 钻孔作为投源井,在地下水主要流向及非主要流向上(沿河道方向和垂直于河道方向)共布设 3 个监测剖面(J1、J2、J3),每个剖面上布置 3 个监测孔,共计 9 个监测井,试验监测剖面及钻孔布置如图 3-6 所示。

图 3-6　示踪试验现场布置

整个试验过程分为三个阶段(见图 3-7):

图 3-7　现场示踪试验工作照

第一阶段:背景值监测。即试验开始前对各试验井地下水静水位及同一深度下地下水示踪剂浓度背景值进行测试。

第二阶段:示踪剂注入阶段。利用流量为 2 m³/h 的潜水泵将 NaCl 浓度为 1 250 mg/L 的示踪水源连续注入到地下水中,注水历时 170 min,累计回灌量为 5.7 m³,在各监测井中测量地下水中 Cl⁻浓度变化。

第三阶段:停止示踪剂注入。通过对各个监测井地下水示踪剂浓度进行取样测试分析,绘制示踪剂浓度的变化曲线,分析回灌过程中地下水流场特征(地下水流向与流速),直至各监测井中电导率值下降至接近初始背景值时,试验结束。整个试验过程中总监测时间采用由密到疏的原则。

(二) 人工回灌试验

1. 回灌水源的制备

回灌试验场地位于乳山河东侧,本次试验选择经氯化消毒的乳山河河水作为回灌水源,分别利用有胶体、无胶体的氯化消毒水源开展人工回灌试验(A1 组、A2 组),回灌水源条件如表 3-4 所示。

表 3-4　人工回灌试验回灌水源条件

试验组别	水源	有效氯浓度/(mg/L)	胶体浓度/(mg/L)
A1	乳山河河水	5	0
A2	乳山河河水	5	10

2. 试验方案

本次野外人工回灌试验于 2019 年 7 月 4~9 日分两组进行。根据示踪试验监测结果,人工回灌试验试验井的布设及回灌水源的注入方式与示踪试验一致,即选择 RZK-07 作为回灌井,分别在沿河道方向、垂直于河道方向及地下水流方向设 3 个监测剖面。根据试验场地地质、水文地质条件,回灌时间参照示踪试验示踪剂浓度变化规律,保证达到浓度峰值,即通过流量为 2 m³/h 的潜水泵将经氯化消毒的回灌水源短时间内连续注入到地下水中,注水历时 170 min,通过使井水位与地下水水位形成水头差,增加回灌井的水头压力进行回灌。

3. 监测方案

为分析各监测井地下水 $CHCl_3$ 的浓度变化规律,以回灌起始时刻为时间起点,遵循先密后疏原则,并参照示踪试验监测结果设计取样时间,对各监测井的 $CHCl_3$ 及 TOC 指标进行取样测试,在取得的 $CHCl_3$ 样品中加入反应终止剂防止取样后的进一步反应;同时为分析 $CHCl_3$ 在迁移过程中对地下水环境的响应特征,对地下水环境要素进行监测,测试指标包括电导率、TDS、pH、DO 及 Eh,取样监测频率与 $CHCl_3$ 的监测频率一致。由于回灌水源与原生地下水的水化学条件存在较大差异,人工回灌试验过程中地下水环境要素和典型化学组分的变化受多种作用影响,分别在两组试验的试验前(0 min)、试验中(170 min)和试验后(1 980 min)取 RZK-04 监测井的地下水样品至试验室进行主要阴、阳离子(Na^+、K^+、Ca^{2+}、Mg^{2+}、Cl^-、SO_4^{2-}、NO_3^-、HCO_3^-)、重金属(总 Fe、Fe^{2+}、总 Mn)及 SiO_2 指标测试。此外,记录流量和累计回灌水量。

第三节　数据分析

一、相对回收质量[$M(x)$]

溶质迁移过程中,$CHCl_3$ 的浓度随时间变化,假设在 t 时刻,迁移距离为 x,$CHCl_3$ 的浓度为 $C(x,t)$,假设 $x=L$,则回灌过程中的吸附阶段(Stage Ⅰ)流出液中 $CHCl_3$ 的相对回收质量计算公式为:

$$M(x) = \frac{m(L)}{C_0 T_0} = \frac{\int_0^\infty C(L,t)\,\mathrm{d}t}{\int_0^{T_0} C_0\,\mathrm{d}t} \tag{3-2}$$

式中　$C(L,t)$——t 时刻流出液中 $CHCl_3$ 浓度,$\mu g/L$;

　　　C_0——$CHCl_3$ 的初始浓度,$\mu g/L$;

　　　T_0——$CHCl_3$ 注入的总时间,min。

二、水化学迁移率(E)

水化学迁移率是溶质在含水层中迁移峰面移动速度与地下水平均渗流速度的比值(李海明 等,2009),即

$$E = \frac{V_c}{V_g} \tag{3-3}$$

式中　V_c——溶质迁移峰面速度,m/d;

　　　V_g——地下水平均渗流速度,m/d。

其中 V_c 和 V_g 分别利用 $CHCl_3$ 和示踪剂达到峰值浓度所用

时间确定。

三、阻滞因子(R_f)

根据污染物在含水层介质中的迁移理论,利用阻滞系数量化 $CHCl_3$ 相对于示踪剂迁移的滞后效应,传统的阻滞因子计算方法可利用水化学迁移率,即 R_f 与 E 互为倒数(李绪迁 等,2005):

$$R_f = \frac{1}{E} = \frac{V_g}{V_c} \tag{3-4}$$

由于在人工回灌过程中 $CHCl_3$ 的形成不是瞬时完成的,初始浓度随时间变化,因此利用监测井中 $CHCl_3$ 浓度与形成的初始浓度的比值绘制穿透曲线,通过监测井中污染物完全穿透所需时间与示踪剂完全穿透所需时间的比值确定,即

$$R_f = \frac{t_c}{t_m} \tag{3-5}$$

式中　t_c、t_m——溶质、示踪剂完全穿透所需时间,d。

本次研究利用该方法计算阻滞系数 R_f,更能体现 $CHCl_3$ 在迁移过程中所受到形成作用的综合影响。

四、自然衰减速率常数(k)

为了对人工回灌过程中 $CHCl_3$ 的环境行为进行量化表征,计算 $CHCl_3$ 在地下水中的自然衰减速率常数 k(包括稀释、吸附和生物降解作用引起的衰减)(钱永,2016)。研究表明,氯代烃的自然衰减过程一般符合一级动力学方程(何江涛 等,2006;Kuchovsky et al.,2007),基于一级衰减动力学的 $CHCl_3$ 浓度计算公式如下:

$$C_x = C_0 \cdot e^{-k(\frac{x}{\mu})} \tag{3-6}$$

式中　C_x——距离回灌井 x m 处地下水中 $CHCl_3$ 的浓度,
　　　　μg/L;

C_0——回灌水源中 $CHCl_3$ 的浓度,$\mu g/L$;

k——$CHCl_3$ 在地下水中自然衰减速率常数,d^{-1}。

式(3-6)两端取对数:

$$\ln C_x = \ln C_0\left(-\frac{k}{\mu}x\right) \tag{3-7}$$

由于本次试验过程分为 $0\sim170$ min 回灌阶段和 $170\sim1\,980$ min 停止回灌后的监测阶段,不适用于一级衰减动力学模型,考虑注入过程中反应物的指数衰减(Haggerty et al.,1998),即

$$\ln\left[\frac{f'(t-t_j)}{f(t-t_j)}\right] = \ln\left[\frac{1-e^{-k(t-t_j)}}{k(t-t_j)}\right] - k(t-t_j) \tag{3-8}$$

式中 t_j——回灌水源注入时间,d。

$f(t-t_j)$ 和 $f'(t-t_j)$ 分别由 $t-t_j$ 时刻的示踪剂浓度和 $t-t_j$ 时刻的 $CHCl_3$ 的浓度确定。

通过绘制回灌水源注入结束后 $CHCl_3$ 和示踪剂的对数转换浓度[见式(3-8)]的左端与 $(t-t_j)$ 关系曲线确定自然衰减总速率常数 k。

五、半衰期($t_{\frac{1}{2}}$)

半衰期 $t_{\frac{1}{2}}$ 为:

$$t_{\frac{1}{2}} = -\frac{\ln 0.5}{k} \tag{3-9}$$

由于评估自然衰减期间 $CHCl_3$ 持续形成,因此本次研究利用曲线的后半段数据减小形成作用对衰减作用的影响。

六、水动力作用下 $CHCl_3$ 的迁移速率(v_x)

地下水流动过程中的对流作用影响 $CHCl_3$ 在地下水中的分布规律,人工回灌试验过程中地下水是回灌水源与原生地下水的混合物,在不考虑吸附、生物降解及弥散等相关作用的影响

下,$CHCl_3$ 在仅受地下水对流作用影响下的迁移速率即为地下水的平均流速,根据达西定律：

$$v_x = \frac{K}{n}I \tag{3-10}$$

式中 v_x——对流作用影响下 $CHCl_3$ 在地下水中的迁移速率,
　　　m/d；

　　　K——含水层渗透系数,m/d；

　　　I——地下水水力坡度,无量纲。

七、吸附速率常数(K_d)

人工回灌过程的地下水系统中,含水层介质有机物对 $CHCl_3$ 存在吸附作用,阻滞其在地下水中的迁移,由于含水层介质对 $CHCl_3$ 的吸附作用遵循线性等温吸附(Spitz et al.,1996),吸附作用对 $CHCl_3$ 的迁移转化相对于地下水的滞后行为用阻滞系数R_f 表示,即(Domenico et al.,1998)

$$R_f = 1 + \frac{(1-n)\rho_s}{n} \times K_d \tag{3-11}$$

式中 ρ_s——介质密度,kg/L；

　　　K_d——线性吸附分配系数,L/kg。

$$K_d = f_{oc} \times K_{oc} \tag{3-12}$$

式中 f_{oc}——孔隙介质的有机碳含量,无量纲；

　　　K_{oc}——与有机碳含量有关的吸附系数,L/kg。

利用穿透曲线根据式(3-5)计算 R_f 值,代入式(3-11)确定吸附系数 K_{oc}。

八、生物降解速率常数(λ)

根据式(3-8)确定了 $CHCl_3$ 在地下水中自然衰减速率常数,沿地下水流向的一维方向上,扣除弥散和吸附作用对 $CHCl_3$ 衰减作用的影响,假设 $CHCl_3$ 污染羽状体处于稳定状态,生物

降解速率常数 λ 计算公式为(Buscheck et al. ,1995;Stenback et al. , 2004):

$$\lambda = \frac{v_c}{4\alpha_x}\left\{\left[1 + 2\alpha_x\left(\frac{k}{\mu}\right)\right]^2 - 1\right\} \qquad (3\text{-}13)$$

式中　λ——生物降解速率常数,d^{-1};

　　　α_x——纵向弥散度,m。

第四章　地下水中 DBPs 的形成机制

第一节　反应时间对 $CHCl_3$ 形成机制的影响

已有研究表明，$CHCl_3$ 的形成作用不是瞬时完成的。胶体浓度分别为 0、10 mg/L、20 mg/L 条件下，$CHCl_3$ 的生成量、生成速率随反应时间的变化规律如图 4-1、图 4-2 所示。

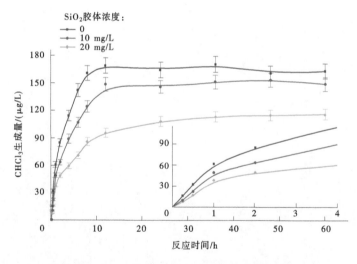

图 4-1　$CHCl_3$ 生成量随反应时间的变化规律曲线

消毒剂与有机物反应形成 $CHCl_3$ 的反应过程需要一定的反应时间，生成量随着反应时间的延长而逐渐增大至达到稳定生成量，生成速率呈先增大后减小至不再形成 $CHCl_3$ 的趋势，反应过程可分为 0~2 h 的快速生成过程和 2~8 h 的慢速生成过程。在无胶体条件下，反应初期的前 0.5 h，$CHCl_3$ 生成速率

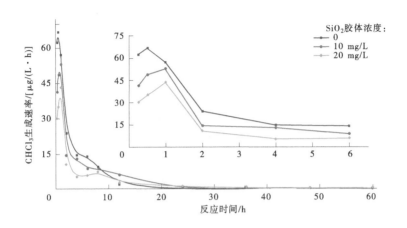

图 4-2　CHCl₃ 生成速率随反应时间的变化规律曲线

较快,生成速率为 60.773 μg/(L·h),生成量达到 15.543 μg/L,随后 CHCl₃ 生成速率呈下降趋势;在反应进行到 1 h 时, CHCl₃ 生成速率为 57.134 μg/(L·h),生成量达到 60.773 μg/L,超过稳定生成量的 1/3,这一结论与前期相关学者研究结论相一致(仝重臣,2012);在 1~4 h 反应时间内,CHCl₃ 生成速率随时间逐渐下降,试验进行 4 h 时 CHCl₃ 生成速率下降为 14.71 μg/(L·h),生成量达到 114.047 μg/L,这是由于 CHCl₃ 的生成反应速率受反应前体物的反应基团种类影响,Gallard 和 Gunten(2002)将前体物分为快反应前体物和慢反应前体物,腐殖酸是以多元酚、醌为芳香中心的多聚物,分子大小和结构均不同,快反应基团参与反应使得生成速率较大,随着快反应基团被消耗,生成速率下降;试验进行到 8 h 时,CHCl₃ 生成速率下降为 9.29 μg/(L·h),8 h 达到稳定生成浓度 160.605 μg/L,随后生成量基本保持稳定,除快反应基团被消耗外,溶液中 NaClO 的消耗导致浓度降低也是其生成速率下降的又一主要原因。

SiO₂ 胶体存在条件下,当 SiO₂ 胶体浓度从 0 增加到 20 mg/L,CHCl₃ 的形成过程与无胶体条件下基本一致,但相同反

应时间内 $CHCl_3$ 生成量明显低于无胶体条件,且胶体浓度越大,$CHCl_3$ 生成速率及生成量越小。SiO_2 胶体浓度分别为 10 mg/L 和 20 mg/L 时,反应初期的前 1 h,$CHCl_3$ 生成速率逐渐增大,反应进行到 1 h 时 $CHCl_3$ 生成速率分别为 52. 85 μg/(L·h) 和 43. 51 μg/(L·h),生成量达到 48. 929 μg/L 和 38. 117 μg/L;在 1~4 h 反应时间内,$CHCl_3$ 生成速率大幅下降,反应进行到 4 h 时分别下降为 12. 84 μg/(L·h) 和 5. 30 μg/(L·h),生成量为 88. 910 μg/L 和 59. 396 μg/L;反应进行到 12 h 时,$CHCl_3$ 生成速率下降为 6. 05 μg/(L·h) 和 2. 45 μg/(L·h),生成量仅为 142. 08 μg/L 和 95. 529 μg/L,反应进行 24 h 后,$CHCl_3$ 的生成速率接近于 0,$CHCl_3$ 的生成量趋于稳定,稳定生成量分别为 145. 562 μg/L 和 107. 831 μg/L,较无胶体条件下的稳定生成量分别降低 15. 043 μg/L 和 52. 774 μg/L。胶体浓度在 0~20 mg/L 范围内,随着 SiO_2 胶体浓度的增加,$CHCl_3$ 的生成速率和生成量下降,胶体浓度越大,生成的 $CHCl_3$ 越少,且 $CHCl_3$ 达到稳定生成量的过程变长,表明 SiO_2 胶体的存在使得生成作用受到一定程度的抑制,这是由于受胶体自身理化性质影响,对反应前体物表现出高亲和力,使得反应前体物更易吸附于胶体表面,而参与生成反应的有效前体物减少。不同反应阶段,胶体对 $CHCl_3$ 生成过程的影响程度不同,快速反应阶段生成速率受胶体影响更大,这是由于各个阶段参与反应的有机物类型有所差异,已有研究表明具有疏水性和芳香性的有机前体物更易生成 $CHCl_3$(罗旭东,2005;Hua et al. ,2007),而 SiO_2 胶体对前体物的吸附具有选择作用,SiO_2 胶体易于吸附高疏水性芳香族有机物(Feng et al. , 2015),因此 SiO_2 胶体的加入使得有快反应基团前体物被吸附,溶液中的小分子慢反应基团前体物参与生成作用使得 $CHCl_3$ 的生成速率及生成量下降,且胶体浓度越高,提供越多的有效吸附点位,生成速率和生成量的下降程度更大(李滢,2008)。

CHCl₃ 的生成过程伴随着反应前体物腐殖酸的消耗,SiO₂ 胶体浓度分别为 0 和 10 mg/L 时 TOC 浓度随反应时间变化曲线如图 4-3 所示。

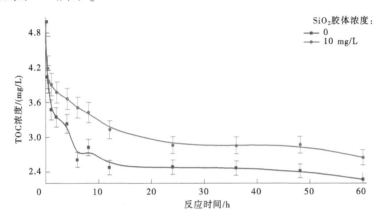

图 4-3　TOC 浓度随反应时间变化曲线

从图 4-3 中可以看出,随着反应时间的增加,TOC 浓度逐渐下降,即腐殖酸作为反应物参与 CHCl₃ 生成作用,生成作用达到平衡状态时,无胶体条件下 CHCl₃ 生成量为 160.605 μg/L,即 1.34×10^{-3} mol/L,对应的 TOC 稳定值约为 2.40 mg/L,腐殖酸没有固定的分子式,其含碳量为 55%~60%,平均含碳量为 58%,经计算消耗的腐殖酸约为 4.48 mg/L,其分子量与来源有关,含水层介质中腐殖酸平均分子量约为 2 500,经计算参与 CHCl₃ 形成作用的腐殖酸有 1.79×10^{-3} mol/L;在 10 mg/L 的 SiO₂ 胶体存在条件下,对应的 TOC 稳定值约为 2.8 mg/L,即参与 CHCl₃ 形成作用的腐殖酸有 1.52×10^{-3} mol/L,生成 1.22×10^{-3} mol/L CHCl₃,根据碳原子守恒,参与反应的腐殖酸量略高于转化成 CHCl₃ 的量,表明该过程中 CHCl₃ 是主要产物,但伴随着少量其他 DBPs 的形成。

10 mg/L 的 SiO₂ 胶体存在条件下 TOC 的消耗量明显降低,为进一步确定 TOC 的消耗量与 CHCl₃ 生成量的对应关系,计算不同反应时间条件下单位 TOC 消耗量对应的 CHCl$_3$ 生成量并绘制变化曲线,如图 4-4 所示。随着反应时间的延长,消耗单位 TOC 生成的 CHCl$_3$ 浓度逐渐增大,当反应进行到 12 h 时,消耗单位 TOC 时 CHCl$_3$ 的生成量达到稳定状态,这是由于部分反应前体物腐殖酸在参加 CHCl$_3$ 的形成作用时先被分解成中间产物,再进一步转化成 CHCl$_3$。胶体存在条件下单位 TOC 消耗量对应的 CHCl$_3$ 生成量低于无胶体条件,这一现象主要受两方面作用的影响:一方面胶体对前体物的吸附作用使得可参与反应的前体物浓度降低,生成作用减弱;另一方面胶体易于吸附快反应基团,溶液中的慢反应基团需要消耗更多的 NaClO 形成 CHCl$_3$。

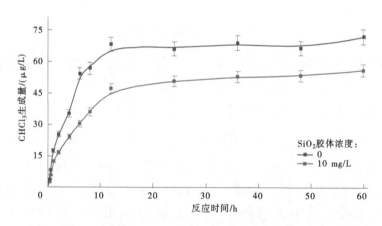

图 4-4 单位 TOC 消耗量的 CHCl$_3$ 生成量随反应时间变化曲线

第二节 氯倍率对 CHCl$_3$ 形成机制的影响

在保障消毒能力的前提下,投氯量应保证回灌水源在人工回灌过程中对地下水水质无不良影响。当 TOC = 5 mg/L 时,有胶体、无胶体条件下有效氯浓度分别为 0.1 mg/L、0.2 mg/L、0.5 mg/L、0.8 mg/L、1.2 mg/L、1.6 mg/L、2 mg/L、2.5 mg/L、

3 mg/L、5 mg/L 和 8 mg/L,氯倍率分别为 0.02、0.04、0.10、0.16、0.24、0.32、0.40、0.50、0.60、1.00 和 1.60 时 CHCl₃ 的生成情况如图 4-5 所示。

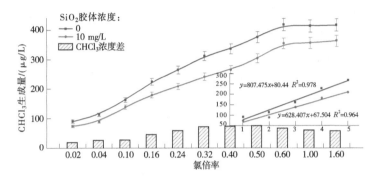

图 4-5　氯倍率对 $CHCl_3$ 生成量影响曲线

从图 4-5 可以看出,随着氯倍率的增大(0.02~1.60),有胶体、无胶体条件下 $CHCl_3$ 生成量均不断增加至趋于稳定,无胶体条件下 $CHCl_3$ 生成量为 90.33~416.60 μg/L,有胶体条件下 $CHCl_3$ 生成量为 73.97~362.14 μg/L。当氯倍率较低时(0.02~0.24),$CHCl_3$ 生成量呈线性增加,有胶体、无胶体条件下的相关系数分别为 0.978 和 0.964,这一结果与早期徐鹏等(2015)的研究结论一致,即低投氯量条件下,氯倍率与多种 DBPs 的形成量呈线性关系($R^2 > 0.987$)。随着氯倍率的增大,$CHCl_3$ 生成速率下降,最后趋于稳定,这是由于有效氯作为反应物,随着氯倍率的增加 $CHCl_3$ 生成量逐渐增大,反应前体物的种类和分子量大小影响 $CHCl_3$ 生成与氯倍率之间的关系,即低分子量有机物生成的中间产物更易分解形成 $CHCl_3$(吴艳,2006),因此在低氯倍率条件下,有效氯更易于与低分子量的前体物发生反应,$CHCl_3$ 生成量随氯倍率的增加而增大(Rook,1974);当氯倍率继续增大,有效氯相对于易于参与反应的低分子量有机物处于过剩状态,大分子有机物被氧化分解成小分子有机物,再与氯原子发生取代、加成反应等,有效氯与分子量较大的有机物反应使得生成量增加速度缓慢随后呈稳定状态。

相同氯倍率条件下，SiO_2 胶体的加入使得 $CHCl_3$ 生成量明显降低，不同氯倍率条件下 $CHCl_3$ 生成量均低于无胶体条件下的生成量，这是由于 SiO_2 胶体提供更多有效吸附点位，使得参与生成反应的反应物减少；此外，随氯倍率的增大，有胶体、无胶体条件下 $CHCl_3$ 生成量的差值呈先增加后减小最后趋于稳定的趋势，这是由于低氯倍率条件下，SiO_2 胶体对 $CHCl_3$ 生成作用的影响主要是由于其对反应前体物的选择吸附作用，即芳香族的有机物易于被 SiO_2 胶体吸附，使得生成反应中脂肪族的前体物起主导作用，生成量与无胶体条件下的生成量相比降低程度较高；但随着氯倍率的进一步增大，氯相对于前体物处于过剩状态，NaClO 的水解产物占据了 SiO_2 胶体的吸附点位，使得胶体效应对生成作用的影响减弱。

不同氯倍率条件下 TOC 浓度及消耗单位 TOC 生成 $CHCl_3$ 浓度变化曲线分别如图 4-6、图 4-7 所示。

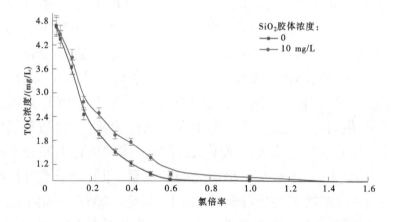

图 4-6　TOC 浓度随氯倍率变化曲线

随着氯倍率的增大（0.02～0.4），更多的前体物参与反应使 TOC 浓度迅速降低，随后缓慢下降至稳定浓度，10 mg/L 的 SiO_2

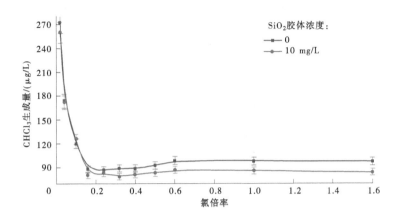

图 4-7　单位 TOC 消耗量的 $CHCl_3$ 生成量随氯倍率变化曲线

胶体存在条件下,不同氯倍率条件下剩余 TOC 浓度均高于无胶体条件,即参与反应的有机物降低。根据图 4-7 可以看出,低氯倍率条件下(0.02~0.1),胶体的存在对单位 TOC 参与反应生成的 $CHCl_3$ 量影响较小,即使一部分腐殖酸吸附于 SiO_2 胶体,腐殖酸相对于氯仍处于过剩状态,不影响 $CHCl_3$ 的形成,当氯倍率进一步增大,胶体的存在降低了单位 TOC 的 $CHCl_3$ 生成量。

第三节　pH 对 $CHCl_3$ 形成机制的影响

已有研究表明,在 NaClO 消毒体系中,酸碱条件影响水中 HClO 和 ClO^- 的分配水平,由于 HClO 和 ClO^- 两者氧化能力不同进而影响 $CHCl_3$ 的生成作用,不同 pH 条件下 HClO 和 ClO^- 的分配情况如图 4-8 所示。从图 4-8 中可以看出,在中性及偏酸性条件下(pH<8),溶液中以 HClO 为主,当 pH<5 时,几乎全部为 HClO,而当 pH=8 时,溶液中的 ClO^- 高达 76.74%。

$$HClO + H^+ + 2e \Longleftrightarrow Cl^- + H_2O \quad E_0 = 1.49 \text{ V} \quad (4-1)$$

$$ClO^- + H_2O + 2e \Longrightarrow Cl^- + 2OH^- \qquad E_0 = 0.90 \text{ V} \qquad (4\text{-}2)$$

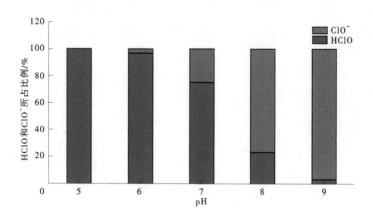

图 4-8　不同 pH 条件下 HClO 和 ClO$^-$ 所占比例分配图

　　为了研究胶体效应影响下地下水 pH 对生成作用的影响，本次试验研究有胶体、无胶体条件下，有效氯浓度 0.8 mg/L、TOC 浓度 5 mg/L，pH 分别为 5、6、7、8、9 时 CHCl$_3$ 生成浓度的变化规律，不同 pH 条件下 CHCl$_3$ 生成量及 TOC 浓度变化如图 4-9 所示，不同 pH 条件下单位 TOC 消耗量的 CHCl$_3$ 生成量变化如图 4-10 所示。

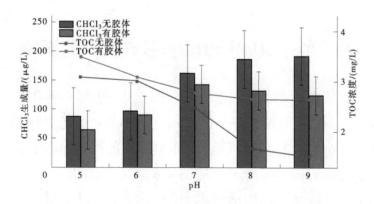

图 4-9　不同 pH 条件下 CHCl$_3$ 生成量及 TOC 浓度变化曲线

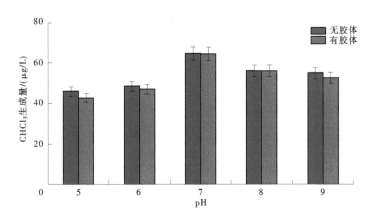

图 4-10 不同 pH 条件下单位 TOC 消耗量的 $CHCl_3$ 生成量变化

从图 4-9 可以看出,不同 pH 条件下 $CHCl_3$ 生成量存在明显差异。无胶体条件下,pH=5 时 $CHCl_3$ 生成量为 87. 49 μg/L,随着 pH 的增大,$CHCl_3$ 生成量逐渐增大,中性条件下(pH=7)$CHCl_3$ 生成量增加到 161. 90 μg/L,当 pH 增加到碱性条件下(pH=8),$CHCl_3$ 生成量为 185. 99 μg/L,随着 pH 进一步增大(pH=9),$CHCl_3$ 生成量无明显变化,TOC 作为反应前体物浓度指标逐渐下降。$CHCl_3$ 的生成量随 pH 升高而增大,一方面是由于 pH 决定了地下水中 HClO 和 ClO^- 所占比例,由式(4-1)和式(4-2)可知,ClO^- 氧化还原电位明显低于 HClO,碱性条件下亲电取代作用增强,有利于 $CHCl_3$ 的生成(余晓敏,2019);另一方面,随着 pH 的增大,OH^- 中和腐殖酸的羧基和酚醛解离的 H^+,腐殖酸的离子化作用增强使得其电负性升高(Liu et al.,2016),分子粒径减小,易于 $CHCl_3$ 的形成(Alvarezpuebla et al.,2005;彭茜 等,2011)。此外,高 OH^- 浓度促进反应前体物的水解作用,加快了去羧基反应,促进苯环的开裂,$CHCl_3$ 形成速率增加,使得 $CHCl_3$ 生成量随 pH 升高而增加(Croue et al.,1989)。根据图 4-10,酸性条件下消耗单位 TOC 生成的 $CHCl_3$ 量逐渐增大,碱性条件则呈下降趋势,说明酸性条件下 HClO 具有强氧化性,生成相同量 $CHCl_3$ 所需的前体物 TOC 更少。

当 10 mg/L 的 SiO_2 胶体存在时,各 pH 条件下 $CHCl_3$ 生成量均低于无胶体条件下的生成量。pH=5 时,$CHCl_3$ 生成量为 64.36 μg/L,酸性条件下随着 pH 的增加,生成量逐渐增大,pH=7 时,$CHCl_3$ 生成量增加到 142.89 μg/L;但随着 pH 的进一步增加,$CHCl_3$ 生成量出现下降趋势,pH=9 时,$CHCl_3$ 生成量下降到 123.82 μg/L。当 pH 在 5~7 时,随着 pH 的升高 $CHCl_3$ 生成量逐渐增大,当 pH>7 时,随着 pH 的升高 $CHCl_3$ 生成量开始降低,这是由于 SiO_2 胶体对反应前体物有较强的吸附能力,使得可参与生成作用的前体物减少,抑制了 $CHCl_3$ 的生成。当 pH=7 时,$CHCl_3$ 生成量最大,且碱性环境下 $CHCl_3$ 生成量高于酸性环境下的生成量,这是由于 SiO_2 胶体电势电位为负值(王卓,2018),酸性条件下 H^+ 浓度较高,与反应前体物发生竞争吸附作用,而在碱性环境下,竞争吸附作用减弱,使得更多的反应前体物被 SiO_2 胶体吸附而导致 $CHCl_3$ 生成量降低。此外,SiO_2 胶体对 $CHCl_3$ 生成作用的抑制程度受 pH 的影响,碱性条件下(pH=8 和 pH=9)抑制作用明显,主要是由于腐殖酸结构及电负性与 pH 有关,在高 pH 条件下腐殖酸呈线性结构,电负性增强,而在低 pH 条件下腐殖酸发生卷曲,其结构及电势电位的变化影响 SiO_2 胶体对腐殖酸的吸附作用,因此在碱性条件下腐殖酸更易于被胶体吸附导致生成量降低(郭晓峰,1999;霍进彦,2016)。

第四节　金属离子对 $CHCl_3$ 形成机制的影响

金属阳离子在地下水中广泛存在,并且价态的差异对胶体效应影响下 $CHCl_3$ 形成机制的影响有所不同。因此,本次研究选取 Na^+ 为代表性一价阳离子,Ca^{2+} 为代表性二价阳离子,通过改变离子强度,研究 SiO_2 胶体效应影响下离子强度及离子类型

对 $CHCl_3$ 生成作用的影响。不同离子强度条件下 $CHCl_3$ 生成量及 TOC 浓度变化如图 4-11 所示。

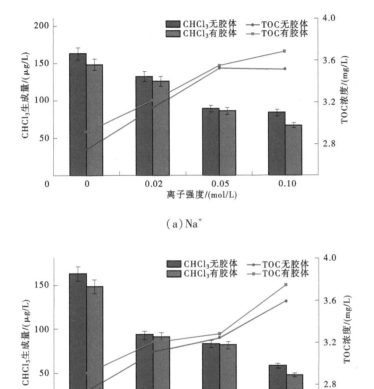

（a）Na^+

（b）Ca^{2+}

图 4-11　不同离子强度对 $CHCl_3$ 生成量及 TOC 浓度影响曲线

在无胶体存在条件下，一价阳离子（Na^+）存在时，随着离子强度的增大（0~0.1 mol/L），$CHCl_3$ 的生成量从 162.63 μg/L 下降到 83.71 μg/L，剩余 TOC 浓度由 2.747 mg/L 上升到 3.519 mg/L，经计算 $CHCl_3$ 的生成量下降 $6.6×10^{-4}$ mol/L，TOC 浓度消耗量下降 $5.32×10^{-4}$ mol/L；二价阳离子（Ca^{2+}）存在时，$CHCl_3$ 的生成量从 162.63 μg/L 下降到 58.43 μg/L，剩余 TOC 浓度由

2.747 mg/L 上升到 3.601 mg/L，经计算 $CHCl_3$ 的生成量下降 $8.7×10^{-4}$ mol/L，TOC 浓度消耗量下降 $5.89×10^{-4}$ mol/L。课题组前期研究成果表明，金属阳离子的存在抑制了 $CHCl_3$ 的生成（刘丹，2017），这是由于反应前体物具有较多的酸性基团（羧基、酚羟基等），腐殖酸具有较高的离子交换容量，金属阳离子腐殖酸羧基上的 H^+ 发生离子交换形成弱酸盐，前体物减少使得 $CHCl_3$ 的生成量下降（霍进彦，2016）。此外，随着离子强度的增大，TOC 消耗量减少程度小于 $CHCl_3$ 生成量下降程度，表明该过程虽然抑制了 $CHCl_3$ 的生成，但可能有其他的 DBPs 的形成消耗前体物。

当加入 SiO_2 胶体，一价阳离子（Na^+）存在时，$CHCl_3$ 的生成量从 148.36 μg/L 下降到 66.80 μg/L，TOC 浓度由 2.917 mg/L 上升到 3.692 mg/L；二价阳离子（Ca^{2+}）存在时，$CHCl_3$ 的生成量从 148.36 μg/L 下降到 47.32 μg/L，TOC 浓度由 2.917 mg/L 上升到 3.756 mg/L。试验结果表明，胶体存在条件下，二价阳离子（Ca^{2+}）对 $CHCl_3$ 的生成作用抑制能力更强，这是由于 Ca^{2+} 一般带有更高的表面电荷，对 SiO_2 胶体具有改性作用，改性后的 SiO_2 胶体对芳香性有机物具有选择吸附作用，使得胶体对反应前体物的吸附能力增强，降低了 $CHCl_3$ 的生成量（徐怀洲，2014）。随着离子强度的增大（0~0.05 mol/L），带正电荷的金属离子中和胶体吸附点位上的负电荷，使得腐殖酸与 SiO_2 胶体之间的静电作用减弱，因此有胶体、无胶体条件下的生成量差异降低；但当离子强度增大到 0.1 mol/L 时，胶体效应明显增强，主要是由于高离子强度条件改变了腐殖酸形态，由链状变成团缩态，SiO_2 胶体对腐殖酸的吸附能力增强（郑昕，2010）。

对比分析金属离子价态对 $CHCl_3$ 生成作用的抑制程度，绘制胶体不同离子强度及类型条件下 $CHCl_3$ 的生成量较无胶体条件下的减少量柱状图，见图 4-12。

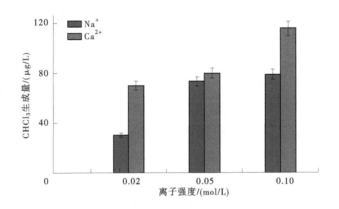

图 4-12 胶体效应影响下 CHCl₃ 的生成量减少量变化柱状图

从图 4-12 可以看出,$CHCl_3$ 的生成作用受胶体效应的影响程度与金属离子的价态影响,Ca^{2+} 抑制 $CHCl_3$ 的生成作用且抑制程度大于 Na^+,这是由于 Ca^{2+} 存在条件下,除阳离子交换作用外,腐殖酸表面含有的多种官能团,与水中的 Ca^{2+} 发生络合反应,且络合程度随离子强度的增加而增大,因此更大程度地抑制 $CHCl_3$ 的生成。当加入 SiO_2 胶体,随着离子强度的增加($0 \sim 0.1$ mol/L),Na^+ 和 Ca^{2+} 存在条件下 $CHCl_3$ 的生成量降低值分别达到 78. 92 μg/L 和 115. 31 μg/L,即 Ca^{2+} 较 Na^+ 对 $CHCl_3$ 的生成作用的抑制程度进一步增大。这是由于 Ca^{2+} 是具有络合能力的阳离子,通过 Ca^{2+} 的架桥作用与 SiO_2 胶体作用,更多的腐殖酸被胶体吸附导致生成量下降(Zhu et al. ,2014)。此外,有研究表明,当 SiO_2 胶体吸附 $5 \sim 10$ mg/L 腐殖酸后,其在水中的稳定性显著提高,且随有机物浓度升高,或溶液 pH 下降影响程度更大(张淑红 等,2007)。

第五节 CHCl₃ -SiO₂ 胶体协同作用机制分析

上述试验结果表明胶体的存在对 $CHCl_3$ 的形成过程起到一

定程度的抑制,为了进一步查明人工回灌过程中 $CHCl_3$ 耦合胶体效应影响下的界面作用和 $CHCl_3$ 在地下水中的形态分布及迁移转化特征,开展 $CHCl_3$-SiO_2 胶体的协同作用模式研究。

利用切向流超滤装置(见图 3-1)对有胶体、无胶体条件下达到稳定生成量的试验溶液进行粒径分级,切向流超滤后得到各粒径等级溶液中 $CHCl_3$ 浓度水平分布,如图 4-13 所示。在无胶体条件下,粒径>100 nm、10~100 nm 和<10 nm 滤液中 $CHCl_3$ 浓度分别为 188.26 μg/L、139.47 μg/L 和 120.25 μg/L,经过两级膜包后得到的三种粒径等级 $CHCl_3$ 的浓度差较小,表明无胶体条件下切向流超滤过程对 $CHCl_3$ 影响不明显,受超滤装置浓缩作用的影响,粒径>100 nm 的浓缩液中 $CHCl_3$ 浓度大于滤前浓度;但在有 10 mg/L 胶体存在条件下,$CHCl_3$ 的浓度分别为 219.32 μg/L、102.25 μg/L 和 78.54 μg/L,根据 SiO_2 胶体粒径分布可以看出,SiO_2 胶体粒径为 93~105 nm,粒径>100 nm 等级的溶液中 $CHCl_3$ 的浓度较高,由于 SiO_2 胶体对水中的 $CHCl_3$ 有强烈吸附作用,使一部分 $CHCl_3$ 以胶体态存在。

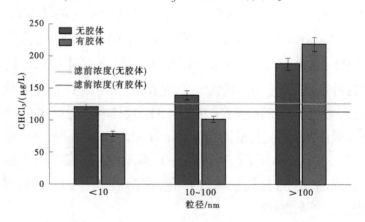

图 4-13　切向流超滤后溶液中 $CHCl_3$ 的分配结果

切向流超滤装置的浓缩系数 F 计算公式为(张战平,2006):

$$F = \frac{V_p}{V_r} \qquad (4-3)$$

式中 V_p——预滤液体积,L;

V_r——浓缩液体积,L。

原水样中胶体态浓度 C_c 计算公式为(Dai et al.,1995):

$$C_c = (C_r - C_u)/F \qquad (4-4)$$

式中 C_r——浓缩液中 $CHCl_3$ 浓度,$\mu g/L$;

C_u——超滤液中 $CHCl_3$ 浓度,$\mu g/L$。

计算结果见表 4-1 和图 4-14。无胶体存在条件下,>100 nm、$10\sim100$ nm 和 <10 nm 粒径等级范围内 $CHCl_3$ 浓度占总量的 9.72%、9.08%、81.20%,$CHCl_3$ 主要以溶解态形式存在;当有胶体存在时,$CHCl_3$ 浓度分别占 37.44%、7.63%、54.93%,粒径 >100 nm 的胶体态 $CHCl_3$ 浓度为 53.535 $\mu g/L$,在总 $CHCl_3$ 浓度中所占比例增加 27.72%。

表 4-1 切向流超滤后各粒径等级 $CHCl_3$ 浓度分布计算

粒径	无胶体		有胶体	
	$CHCl_3$ 浓度/($\mu g/L$)	%	$CHCl_3$ 浓度/($\mu g/L$)	%
>100 nm	14.395	9.72	53.535	37.44
$10\sim100$ nm	13.441	9.08	10.906	7.63
<10 nm	120.250	81.20	78.540	54.93
合计	148.086	100	142.981	100
损失/%	8.9		2.3	

为了进一步查明 $CHCl_3$-SiO_2 的相互作用机制,分别对 SiO_2 和 SiO_2-$CHCl_3$ 悬浮液进行 AFM 扫描。从图 4-15 可以看出,在无 $CHCl_3$ 生成时,SiO_2 胶体的最大高度为 121.1 nm,SiO_2 胶体颗粒呈均匀球状;当有 $CHCl_3$ 生成时,最大高度增加至 241.8 nm,颗粒形状不规则且均匀性下降,粒径的增加表明 SiO_2 胶体颗粒对 $CHCl_3$ 吸附作用的存在。

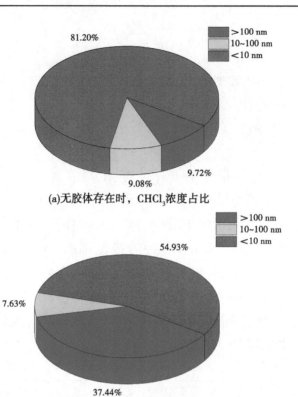

(a)无胶体存在时，$CHCl_3$浓度占比

(b)有胶体存在时，$CHCl_3$浓度占比

图 4-14　切向流超滤分级结果

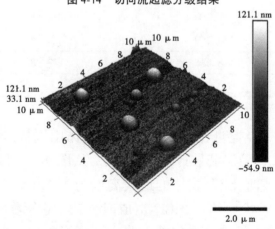

（a）SiO_2

图 4-15　有、无胶体条件下反应溶液 AFM 图像

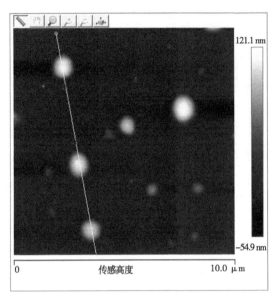

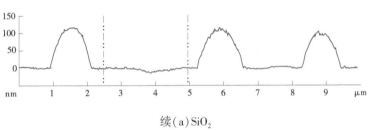

续（a）SiO_2

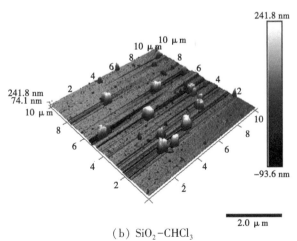

（b）SiO_2-CHCl_3

续图 4-15

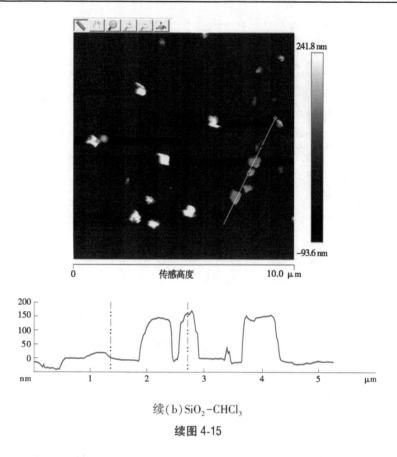

续(b)SiO₂-CHCl₃

续图 4-15

第六节　CHCl₃ 形成预测模型

　　为了更好地分析 CHCl₃ 生成量与各影响因素之间的关系，在胶体效应影响下 CHCl₃ 形成机制及其影响因素的室内模拟试验分析基础上，运用合理的建模方法——多元回归分析方法和人工神经网络分析方法，建立 CHCl₃ 耦合胶体效应的生成预测模型，对关键影响因子和 CHCl₃ 生成量之间的相关性和回归程度进行分析，并利用试验数据对模型有效性进行评估，进而为生成量预测提供科学依据，为人工回灌过程中 CHCl₃ 定量分析提供理论基础(见图 4-16)。

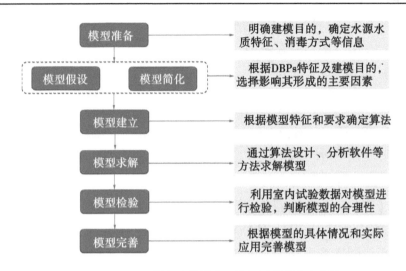

图 4-16　$CHCl_3$ 耦合胶体效应下的预测模型建立步骤

一、因变量和自变量的确定

在人工回灌过程中,反应时间、原水水质条件等因素均在不同程度上影响地下水中 $CHCl_3$ 的生成量,根据室内试验研究 $CHCl_3$ 生成的影响因素,本模型设计将反应时间(0、0.25 h、0.5 h、1 h、2 h、4 h、6 h、8 h、12 h、24 h、36 h、48 h、60 h)、氯倍率(0.02、0.04、0.10、0.16、0.24、0.32、0.40、0.50、0.60、1.00、1.60)、pH(5、6、7、8、9)、Na^+ 强度(0、0.02 mol/L、0.05 mol/L、0.10 mol/L)、Ca^{2+} 强度(0、0.02 mol/L、0.05 mol/L、0.10 mol/L)、胶体浓度(0、10 mg/L、20 mg/L)等因子作为模型自变量,每次只改变一个参数,以 $CHCl_3$ 生成量作为因变量建立 $CHCl_3$ 生成预测模型。

二、多元线性回归预测模型

(一)多元线性回归模型简介

多元线性回归模型用于解释因变量(Y)与多个自变量(x_1,x_2,…,x_m)之间的线性关系,收集到 n 对数据(y_i,x_{i1},x_{i2},…,x_{im})

$(i=1,2,\cdots,n)$ 满足以下线性回归模型：

$$\begin{cases} y =\beta_0 +\beta_1 x_{i1} +\beta_2 x_{i2} + \cdots +\beta_m x_{im} +\varepsilon_i & (i = 1,2,\cdots,n) \\ \varepsilon_i \sim N(0,\sigma^2) \end{cases}$$

$$(4-5)$$

式中 $\beta_0,\beta_1,\cdots,\beta_m$——公共因子；

$\quad\quad\varepsilon_i$——特殊因子；

$\quad\quad\sigma^2$——未知参数。

(二) 多元线性回归模型的建立

本次研究应用数据分析软件——SPSS(版本 19.0)，利用 SPSS 回归分析模块对生成试验所得的 71 组数据进行多元回归分析。定义 $CHCl_3$ 生成量为因变量 Y，由于生成试验结果表明上述自变量均对 $CHCl_3$ 的生成起到重要的作用，因此采用强行进入法，不对自变量进行筛选，均放入模型中，进行 $CHCl_3$ 耦合胶体效应预测模型的拟合，得到六元线性模型：

$Y= 1.305[T]+248.62[Cl/TOC]+22.866[pH]-1 004.81[Na^+]- 1 313.42[Ca^{2+}]-3.291[SiO_2]-100.157$

拟合情况如表 4-2 所示，此模型的复相关系数 R 为 0.867，复相关系数平方 R^2 为 0.752，调整 R^2 统计量为 0.729，表示回归方程中因变量与自变量之间的线性回归相关性的相关程度，回归方程拟合效果较好。

表 4-2　$CHCl_3$ 耦合胶体效应多元线性回归分析

模型	R	R^2	调整 R^2	标准估计的误差
多元线性回归	0.867	0.752	0.729	0.209 589 3

(三) 多元线性回归模型的检验

由于在模型建立前不确定线性关系是否成立，因此需对建立的多元线性回归模型进行检验，同时保证该预测模型的准确程度。本次多元回归模型检验包括回归模型的检验和预测能力的检验。

1. 回归模型的检验

为了保证该预测模型的准确程度,对上述预测模型进行显著性统计检验。本次检验方法选择 F 检验、t 检验和可决系数检验。

利用 F 检验验证回归模型的显著性,证明 $CHCl_3$ 的生成量与上述影响因素之间存在线性关系,检验结果见表 4-3。在 F 检验中,预测模型的 F 统计量为 21.324,显著性概率 p 为 0,表明在显著水平为 0.05 的情形下,自变量与因变量之间有线性关系,该多元线性回归模型显著性较好。

表 4-3　方差分析表

模型	平方和	自由度 df	均方	F	显著性 Sig.
回归	538 996.418	6	89 832.736	21.324	0
残差	177 865.996	64	2 779.156		
总计	7 168 662.413	70			

利用 t 检验对所有回归系数分别进行检验,回归系数如表 4-4 所示。在 t 检验中,各自变量的显著性值小于 0.05,说明各自变量对因变量的影响显著。

表 4-4　回归系数表[a]

模型	非标准化系数		标准系数	t	显著性 Sig.
	非标准化回归系数 B	标准误差	试用版		
常量	−99.586	83.907		−1.187	0.240
反应时间	1.448	0.283	0.338	5.118	0
氯倍率	225.898	22.592	0.645	9.999	0
pH	22.865	11.788	0.121	1.940	0.047
Na^+ 强度	−1 103.591	348.246	0.203	−3.169	0.002
Ca^{2+} 强度	−1 412.200	348.246	0.259	−4.055	0
胶体浓度	−2.904	1.188	0.152	−2.444	0.017

注:a. 因变量:$CHCl_3$ 浓度。

模型残差统计量如表 4-5 所示,标准化残差正态分布直方图如图 4-17 所示。

表 4-5　残差统计量分析表

模型	极小值	极大值	均值	标准偏差	样本数 N
预测值	13.264 9	508.814 8	155.687 4	87.749 35	71
残差	−117.678 41	134.503 45	0	50.407 77	71
标准预测值	−1.623	4.024	0	1.000	71
标准残差	−2.232	2.551	0	0.956	71

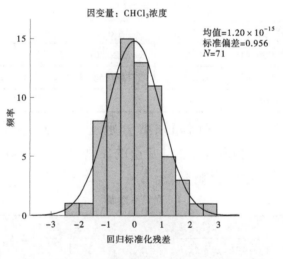

图 4-17　回归标准化残差正态分布直方图

由表 4-5 可知,标准残差绝对值最大为 2.551,小于默认值 3,因此不会发现奇异值。从图 4-17 可以看出该模型的预测值与实测值之间的残差接近于正态分布,满足残差正态性检验,因此预测模型可靠。图 4-18 中观测值的残差分布与假设的正态分布比较,标准化残差散点分布于直线上下两侧靠近直线,因此标准化残差呈正态分布。

因变量：CHCl$_3$浓度

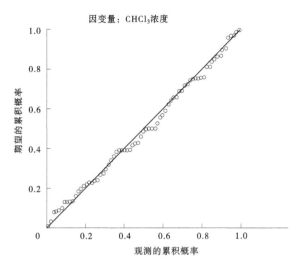

图 4-18　CHCl$_3$ 模型 P-P 正态概率图

2. 预测能力的检验

线性回归模型计算值与实测值对比如图 4-19 所示。通过 71 组 CHCl$_3$ 模型计算值和实测值的比较,模型相关系数平方和为 0.867 1,相关性相对较高,但部分数据偏差较大,说明该预测模型预测水平一般。通过对该拟合数据点的分析,反应时间和氯倍率作为变量时拟合效果较差,因此本预测模型适用于对不同水化学条件下 CHCl$_3$ 稳定生成量的预测。

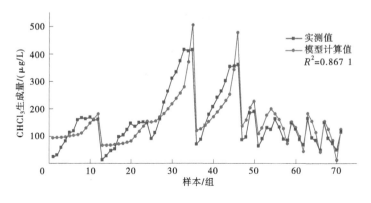

图 4-19　多元线性回归模型检验图

三、人工神经网络预测模型

(一)人工神经网络预测模型简介

人工神经网络(artificial neural networks,ANN)模型是利用计算机系统模拟生物神经网络的信息处理结构,网络上的每个结点相当于一个神经元,用以储存和处理信息。人工神经网络具有反映非线性关系的特点。本次研究选择应用广泛的反向传播算法建立神经网络模型(back-propagation neural networ,BP神经网络)。

(二)人工神经网络预测模型的建立及检验

利用 Matlab 软件的 multlayer perceptron(MLP)多层感知器模块构建一个由输入层、隐藏层、输出层组成的三层误差反向传播网络模型,将反应时间、氯倍率、pH、Na^+ 强度、Ca^{2+} 强度、胶体浓度六项指标作为输入向量,$CHCl_3$ 的生成量作为输出向量进行分析。利用室内形成试验得到的 71 组数据,50 组作为训练数据,21 组作为检验数据,对其进行训练、修正、检验确定,使其误差最小。其建模具体过程如图 4-20 所示。

图 4-20　$CHCl_3$ 生成的神经网络建模流程

神经网络模型对 71 组数据循环训练的过程如图 4-21 所示,经过训练 10 000 次后网络的拟合值与实测值的标准差(MSE)约为 0.001 2。

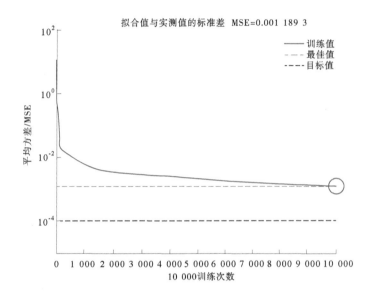

图 4-21　神经网络的训练过程

神经网络模型对 $CHCl_3$ 的生成量预测值与实测值拟合效果曲线如图 4-22 所示,利用该模型对 $CHCl_3$ 生成量的拟合效果

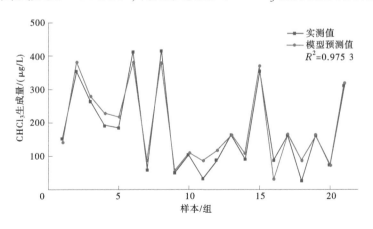

图 4-22　BP 神经网络模拟结果检验图

较好,相关系数 R^2 达到 0.975 3。

四、两种预测模型的比较

为了有效保证预测模型的预测能力,利用数理统计学方法分别建立多元线性回归模型和 BP 人工神经网络模型,在此对上述两种模型的预测水平进行比较,如表 4-6 所示。从两者的拟合精度来看,多元线性回归模型相关系数 R^2 大于 0.85,大部分点拟合精度较高,但存在部分点预测值误差较大;BP 人工神经网络模型的拟合效果明显优于多元线性回归模型,相关系数 R^2 高达 0.975 3,该模型表现出更强的适应性。因此,本次建立的 BP 人工神经网络模型可用于人工回灌过程中消毒副产物生成量预测。

表 4-6　两种模型拟合效果对比

模型类型	项目	
	标准误差	R^2
多元线性回归模型	0.209 5	0.867 1
BP 人工神经网络模型	0.001 2	0.975 3

第五章　地下水中 $CHCl_3$ 的转化机制

第一节　吸附动力学

通过含水层介质对 $CHCl_3$ 的吸附动力学试验,确定不同介质对 $CHCl_3$ 的吸附平衡时间 t 及平衡吸附量 Q_e,通过动力学吸附模型拟合结果,分析吸附动力学特征。

一、吸附平衡时间的确定

根据静态吸附动力学试验数据,绘制两种含水层介质吸附作用下 $CHCl_3$ 的浓度随时间变化曲线,见图 5-1。

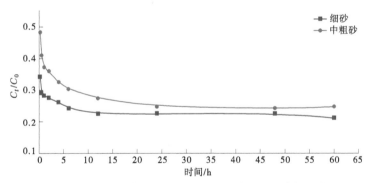

图 5-1　场地不同含水层介质对 $CHCl_3$ 的吸附平衡时间曲线

从图 5-1 中可以看出,含水层介质对 $CHCl_3$ 的吸附能力大小为:细砂>中粗砂。细砂和中粗砂对 $CHCl_3$ 的吸附平衡时间分别约为 12 h 和 24 h。该吸附平衡时间的长短与介质的性质有关,随着介质粒径的增大,比表面积及吸附点位减少,使得吸附平衡时间增大。

二、吸附动力学方程

含水层介质的 DBPs 吸附量采用如下公式计算：

$$Q_e = (C_0 - C_t) V/m \qquad (5\text{-}1)$$

式中 Q_e——DBPs 吸附量，$\mu g/g$；

C_0——溶液中 DBPs 的初始浓度，$\mu g/mL$；

C_t——t 时刻溶液中 DBPs 浓度，$\mu g/mL$；

V——溶液体积，mL；

m——吸附介质的质量，g。

回灌场地两种含水层介质对 $CHCl_3$ 的吸附量随时间变化曲线如图 5-2 所示。

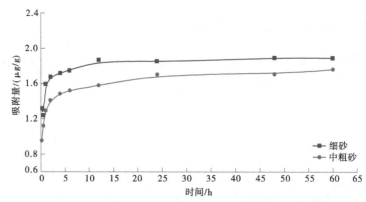

图 5-2 场地不同含水层介质对 $CHCl_3$ 的吸附动力学曲线

从图 5-2 可以看出，回灌场地含水层介质对 $CHCl_3$ 的吸附过程可分为三个阶段：第一阶段为吸附动力学试验的前 2 h 的快速吸附阶段，吸附量随时间迅速增大，细砂、中粗砂吸附量分别达到 1.57 $\mu g/g$ 和 1.40 $\mu g/g$，分别是平衡吸附量的 83.1% 和 79.5%，主要为固-液界面的扩散作用；第二阶段为慢速吸附阶段，随着介质样品对 $CHCl_3$ 的吸附过程，介质表面有效吸附点位减少，吸附速率随之减慢，进入慢速吸附阶段；第三阶段为趋于稳定阶段，逐渐达到吸附平衡状态，细砂、中粗砂达到吸附平

衡状态的时间分为别 12 h,24 h,故后续试验的振荡平衡时间为
24 h。两种含水层介质对 CHCl₃ 的平衡吸附量大小关系为:细
砂>中粗砂,细砂吸附能力较大,平衡吸附量为 1.89 μg/g,中粗
砂的平衡吸附量较小,为 1.76 μg/g。这是由于两种吸附介质
的比表面积大小关系为:细砂>中粗砂,吸附量随着比表面积的
增大而增大,此外平衡吸附量受介质 TOC 含量影响,由于
CHCl₃ 是疏水性有机物,易于分配到有机物中,细砂的高 TOC
含量使得其吸附能力强,平衡吸附量较大。

三、吸附动力学模型拟合

研究场地介质对 CHCl₃ 吸附规律即介质对 CHCl₃ 的吸附
动力学特征,建立吸附动力学方程,利用吸附动力学模型进行描
述。常用的吸附动力学模型有一级动力学模型、二级动力学模
型、准一级动力学模型、准二级动力学模型。

一级动力学模型:

$$\ln\left(\frac{C_0}{C_t}\right) = K_1 t \tag{5-2}$$

二级动力学模型:

$$\frac{1}{C_t} - \frac{1}{C_0} = K_2 t \tag{5-3}$$

准一级动力学模型:

$$\ln(q_e - q_t) = \ln q_e - K_1' t \tag{5-4}$$

准二级动力学模型:

$$\frac{t}{q_t} = \frac{1}{K_2' \cdot q_e^2} + \frac{t}{q_e} \tag{5-5}$$

式中　C_0——初始时刻液相中吸附质浓度,μg/L;

C_t——t 时刻液相中吸附质浓度,μg/L;

K_1——一级吸附速率常数,h⁻¹;

K_2——二级吸附速率常数,L/(μg·h);

q_t——t 时刻的吸附量，$\mu g/g$；

q_e——吸附平衡时的吸附量，$\mu g/g$；

t——吸附反应时间，h；

K_1'——准一级吸附速率常数，h^{-1}；

K_2'——准二级吸附速率常数，$L/(\mu g \cdot h)$。

对吸附量随时间变化的关系进行动力学方程拟合，拟合结果见表 5-1。

表 5-1　吸附动力学方程对含水层介质的拟合及相关参数

介质	模型								
	一级动力学		二级动力学		准一级动力学		准二级动力学		
模型参数	K_1	R	K_2	R	K_1'	R	K_2'	q_e	R
细砂	0.005	0.551	0.001	0.219	0.083	0.846	1.730	1.900	1.000
中粗砂	0	0.613	0.002	0.457	0.064	0.890	0.735	1.692	0.998

一级动力学模型、二级动力学模型、准一级动力学模型与试验数据的拟合相关系数偏低，不能客观地反映 $CHCl_3$ 在两种介质中的吸附特性。而准二级动力学模型相关性较高，两种介质的相关性均达到 0.99 以上，拟合得到的平衡吸附量与试验实测值基本一致，故含水层介质对 $CHCl_3$ 的吸附规律可用准二级动力学方程进行描述（见图 5-3）。

吸附过程与 $CHCl_3$ 浓度的二次方呈正相关，表明该吸附过程除介质表面的单分子层物理吸附外，还存在化学吸附，$CHCl_3$ 与介质表面的活性基团形成的氢键有关。吸附速率大小为：细砂>中粗砂，$CHCl_3$ 在细砂上的吸附速率较快，吸附速率常数为 1.730；在中粗砂上的吸附速率较慢，吸附速率常数为 0.735，主要受含水层介质粒度大小和介质表面 TOC 含量控制，随着含水层介质粒径的减小，两种介质的比表面积呈增大趋势，且 TOC 呈增大趋势，吸附点位增多使得 $CHCl_3$ 易于被吸附。

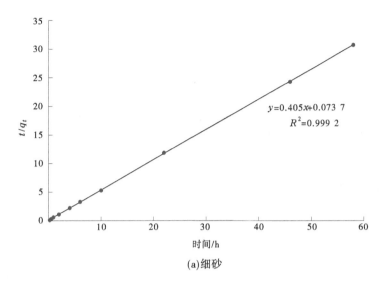

$y=0.405x+0.073\ 7$
$R^2=0.999\ 2$

(a)细砂

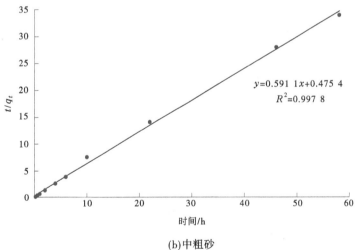

$y=0.591\ 1x+0.475\ 4$
$R^2=0.997\ 8$

(b)中粗砂

图 5-3　含水层介质对 $CHCl_3$ 的准二级动力学拟合方程

第二节　吸附热力学

含水层介质的吸附作用下，$CHCl_3$ 的浓度降低，在一定温度条件下，含水层介质与 $CHCl_3$ 间达到吸附平衡时的吸附量与地

下水中 $CHCl_3$ 浓度存在一定的关系,称为等温吸附规律。

一、吸附等温线

吸附等温线是指一定温度条件下,$CHCl_3$ 在固-液两相达到平衡状态下介质平衡吸附量与溶液中平衡浓度的关系曲线。根据不同初始浓度条件下含水层介质对 $CHCl_3$ 的吸附达到吸附平衡时平衡吸附量与溶液的平衡浓度,绘制吸附等温线,如图 5-4 所示。

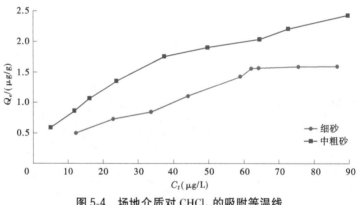

图 5-4　场地介质对 $CHCl_3$ 的吸附等温线

从图 5-4 可以看出,平衡浓度在 $0\sim60~\mu g/L$ 范围内,随着平衡浓度的增大,平衡吸附量近似呈线性增加,随着平衡浓度的继续增大 $60\sim90~\mu g/L$,平衡吸附量趋于稳定。相同平衡浓度条件下,平衡吸附量大小关系为:细砂>中粗砂,平衡吸附量随着比表面积及 TOC 含量的增大而增大,说明 $CHCl_3$ 易于吸附到富含有机质的细颗粒介质上(秦雨,2010)。

二、吸附热力学模型拟合

回灌过程中 $CHCl_3$ 在地下水中形成,在岩性介质的吸附作用下 $CHCl_3$ 浓度降低。$CHCl_3$ 与含水层介质间发生吸附作用,温度一定条件下,含水层介质对 $CHCl_3$ 的吸附量与地下水中

$CHCl_3$ 的平衡浓度符合等温吸附规律,通常使用 Henry 模型、Freundlich 等温吸附模型和 Langmuir 等温吸附模型描述吸附热力学规律,即一定温度吸附达到动态平衡的条件下,$CHCl_3$ 在固-液两相中浓度变化的关系,确定等温吸附方式。等温吸附模型如下。

(一) Henry 线性等温吸附模型

表示介质对 $CHCl_3$ 的吸附只存在分配作用,介质与 $CHCl_3$ 间的引力恒定,与初始浓度无关。Henry 等温吸附模型的表达式为:

$$Q_e = K_d \cdot C_e \tag{5-6}$$

式中　Q_e——吸附平衡时含水层介质对吸附质的吸附量,$\mu g/g$;

C_e——溶液中吸附质的平衡浓度,mg/L;

K_d——Henry 吸附分配系数,无量纲。

(二) Freundlich 指数等温吸附模型

通常用于非均匀表面的吸附过程,Freundlich 模型是经验公式,其表达式为:

$$Q_e = K_F \cdot C_e^{\ n} \tag{5-7}$$

表达式两边取对数:

$$\lg Q_e = \lg K_F + n \lg C_e \tag{5-8}$$

式中　K_F——Freundlich 吸附常数,表示吸附能力大小;

n——等温吸附线线性度常数,反映吸附点位异质性;

其他符号意义同前。

以 $\lg Q_e$ 为纵坐标、$\lg C_e$ 为横坐标,根据直线斜率和截距确定 Freundlich 吸附常数 K_F 和常数 n。

(三) Langmuir 渐近线型等温吸附模型

假设吸附质分子之间无相互作用,吸附剂表面均一且吸附作用仅存在于单分子层,吸附位的能量都相同:

$$\frac{C_e}{Q_e} = \frac{1}{K_L q_m} + \frac{C_e}{q_m} \qquad (5\text{-}9)$$

式中　K_L——Langmuir 等温吸附常数,无量纲;

　　　q_m——最大吸附量,$\mu g/g$;

　　　其他符号意义同前。

以 C_e/Q_e 为纵坐标、C_e 为横坐标绘制等温吸附曲线,根据直线的斜率和截距确定 Langmuir 等温吸附常数 K_L 和吸附介质的最大吸附量 q_m。

根据热力学吸附试验数据,通过确定含水层介质对 $CHCl_3$ 的等温吸附规律,进一步研究含水层介质与吸附作用过程,并分别用 Henry 吸附模型、Freundlich 吸附模型、Langmuir 吸附模型对吸附过程进行拟合(见表 5-2)。

表 5-2　含水层介质对 $CHCl_3$ 等温吸附曲线拟合结果

介质类型	Henry 模型		Langmuir 模型			Freundlich 模型		
	K_d	R^2	K_L	$q_m/$ ($\mu g/g$)	R^2	K_F	n	R^2
细砂	0.019	0.917	0.349	3.119	0.977	0.261	0.505	0.992
中粗砂	0.016	0.885	0.045	2.993	0.950	0.095	0.503	0.957

由图 5-5 可知,随着地下水中 $CHCl_3$ 平衡浓度增大,两种含水层介质对 $CHCl_3$ 的吸附量不断增大,这是由于随着平衡浓度的增加,分子间的吸附驱动力也增大(张茜,2016)。通过对三种模型进行拟合发现,Langmuir 吸附模型和 Freundlich 吸附模型的拟合较好,其中 Freundlich 吸附模型的拟合程度最高,相关系数 R^2 均大于 0.97。因此,本次研究主要以 Freundlich 吸附模型对含水层介质的吸附规律进行研究。回灌场地含水层介质对 $CHCl_3$ 的吸附是非线性的,呈指数形式分布,主要是由于含水层

介质中由有机组分和无机组分组成的非均质结构,使其吸附不符合线性规律。两种含水层介质的 K_F 变化规律为细砂>中粗砂,所以 $CHCl_3$ 在两种含水层介质上的吸附能力大小为:细砂>中粗砂,与两种介质的粒径有关,含水层介质粒径越小,其比表面积越大,吸附 $CHCl_3$ 能力越大;另外与两种介质中有机质含量有关,细砂和中粗砂的有机质含量分别为 1.05% 和 0.58%,随着有机质含量的减小,吸附能力减弱,因此细砂对地下水中 $CHCl_3$ 吸附能力较强。n 值代表吸附驱动力大小和与吸附位能量分布有关的参数,两种介质的 n 值大小为:细砂>中粗砂,因此 $CHCl_3$ 与两种介质间作用力大小为:细砂>中粗砂,$CHCl_3$ 更易于被细砂吸附。

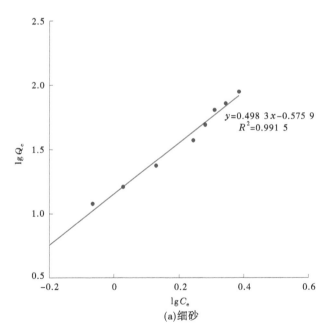

(a)细砂

图 5-5　含水层介质对 $CHCl_3$ 的 Freundlich 吸附模型拟合图

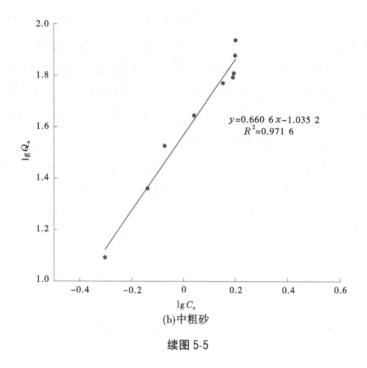

$$y = 0.660\ 6x - 1.035\ 2$$
$$R^2 = 0.971\ 6$$

(b)中粗砂

续图 5-5

第三节　吸附前后含水层介质特征

一、场发射扫描电子显微镜分析

　　为了对比吸附前后介质微观结构和组成的变化,对吸附试验前后的两种含水层介质进行场发射扫描电子显微镜(ESEM)和能谱分析(X-EDX),结果如图 5-6、图 5-7 所示。

　　通过观察两种介质吸附前后的微观形态发现,吸附前两种介质表面光滑,有颗粒状凸起,且细砂颗粒凸起最多,中粗砂颗粒凸起较少;吸附后介质表面有明显的被吸附物质,表面变粗糙,棱角模糊。从 X-EDX 结果可以看出,吸附前介质表面有机质含量大小为:细砂>中粗砂,高有机质含量的介质能够吸附更多的 $CHCl_3$,吸附后介质表面 C 的重量百分比增大,表明吸附作

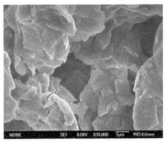
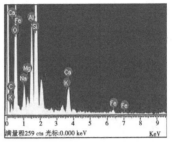

(a)吸附前

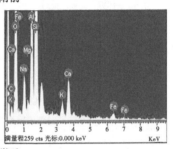

(b)吸附后

图 5-6　细砂吸附 $CHCl_3$ 前后电镜扫描及能谱分析

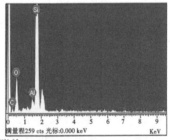

(a)吸附前

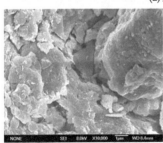
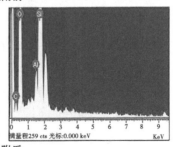

(b)吸附后

图 5-7　中粗砂吸附 $CHCl_3$ 前后电镜扫描及能谱分析

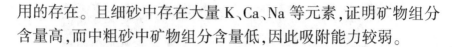

用的存在。且细砂中存在大量 K、Ca、Na 等元素,证明矿物组分含量高,而中粗砂中矿物组分含量低,因此吸附能力较弱。

二、红外光谱分析

红外光谱分析法可定性分析化合物及其结构。在含水层介质对 CHCl₃ 吸附试验结束后,对两种含水层介质进行红外光谱分析,通过对各吸收峰的比较分析含水层介质在吸附试验前后官能团的变化,确定是否存在化学作用。

由图 5-8 可知,吸附前,细砂、中粗砂均在 3 700～3 500 cm^{-1}、2 650～2 300 cm^{-1}、1 480～1 360 cm^{-1}、1 050～950 cm^{-1} 存在吸收峰,其中 3 700～3 500 cm^{-1} 为 O-H 的伸缩振动吸收峰与 N-H 伸缩振动吸收峰重叠的多重峰,2 650～2 300 cm^{-1} 区域出现多个吸收峰,是羧醇中的-OH 的伸缩振动和变形振动造成的吸收峰;1 480～1 360 cm^{-1} 为甲基的 C-H 弯曲振动吸收峰,或羟基上的不对称振动或 C-OH 的变形振动吸收峰;1 050～950 cm^{-1} 的峰位于指纹区,为氯化物的 C-Cl 键的伸缩振动吸收峰。各个吸收峰的存在说明介质表面有机物的羟基和氨基等官能团的存在,随着介质粒径的增大,峰呈减小趋势,即介质表面有机物含量随着粒径的增大而降低。

吸附后,位于 3 700～3 500 cm^{-1} 和 2 650～2 300 cm^{-1} 处的吸收峰峰面积增大,该吸收峰主要为 O-H 和 N-H 的伸缩振动、羧醇中的-OH 的伸缩振动和变形振动,吸收峰峰面积的增大说明介质对腐殖酸有一定的吸附能力,是由腐殖酸的官能团吸收峰造成的。吸附后,1 480～1 360 cm^{-1} 处的吸收峰峰面积明显增大,主要为甲基的 C-H 弯曲振动吸收峰,可见介质对 CHCl₃ 的吸附作用使得介质的 C-H 吸收峰增强,且细砂在吸附前后的峰型变化最为明显,其次是中粗砂,这主要是由于两种岩性介质对 CHCl₃ 的吸附能力不同。此外,1 050～950 cm^{-1} 的吸收峰的增强进一步说明了介质对 CHCl₃ 的吸附作用及介质对吸附作用的影响。

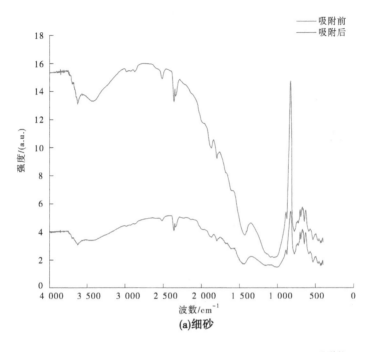

(a)细砂

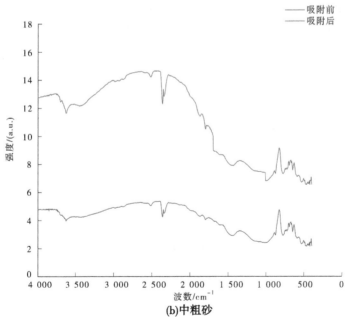

(b)中粗砂

图 5-8 岩性介质吸附 CHCl$_3$ 前后红外光谱图

第四节　$CHCl_3$ 的吸附影响因素

一、pH 对吸附作用的影响

回灌水源的酸碱性是影响回灌过程中含水层介质对 $CHCl_3$ 的吸附能力的一个重要因素,其通过改变吸附剂和吸附质所带的电荷量进而影响两者间的静电作用。通过稀盐酸溶液和氢氧化钠溶液调节 pH 分别为 5、6、7、8、9,研究 pH 变化对含水层介质吸附 $CHCl_3$ 能力的影响。

由图 5-9、图 5-10 可知,在酸性条件下,细砂、中粗砂介质对 $CHCl_3$ 的平衡吸附量分别为 1.08 μg/g、1.01 μg/g,去除率分别为 48.67%、45.43%,随着 pH 的增大,平衡吸附量和去除率增大,pH = 9 的碱性条件下,平衡吸附量分别为 2.26 μg/g、2.17 μg/g,去除率分别为 76.37%、73.52%。这是由于 pH 的变化影响介质表面电势电位,随着 pH 的增大,电势电位绝对值增大,负电性增强,$CHCl_3$ 与介质间的静电斥力减小,导致介质对 $CHCl_3$ 的吸附量升高;另外,低 pH 条件下,溶液中 H^+ 与 $CHCl_3$ 发生竞争吸附,吸附 $CHCl_3$ 的有效点位少,而随着 pH 的增大,H^+ 浓度降低,竞争吸附作用减弱,此时介质对 $CHCl_3$ 的吸附作用强,去除率增大。

二、离子强度对吸附作用的影响

通过分别添加 $NaCl$、$CaCl_2$ 调节溶液离子强度,研究离子强度及阳离子类型对吸附作用的影响。当溶液离子强度改变幅度为 0~0.10 mol/L 时,$CHCl_3$ 吸附量变化规律如图 5-11 所示,去除率的变化规律如图 5-12 所示。

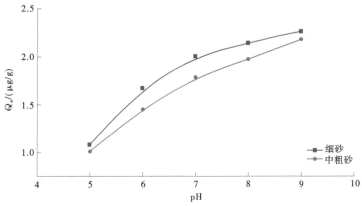

图 5-9　含水层介质对 $CHCl_3$ 的吸附量随 pH 的变化规律

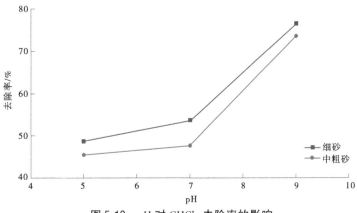

图 5-10　pH 对 $CHCl_3$ 去除率的影响

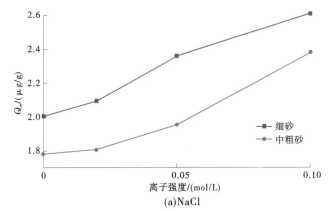

(a)NaCl

图 5-11　含水层介质对 $CHCl_3$ 的吸附量随离子强度的变化规律

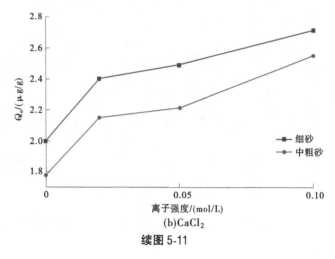

(b)CaCl₂

续图 5-11

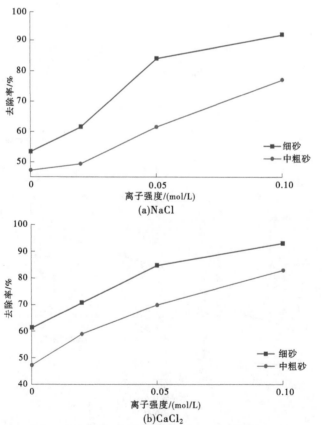

(a)NaCl

(b)CaCl₂

图 5-12　离子强度对 CHCl₃ 去除率的影响

从图 5-11、图 5-12 可以看出,随着离子强度的增加,两种介质对 $CHCl_3$ 的吸附作用受到不同程度的促进,随着地下水中金属离子浓度的增高,含水层介质对 $CHCl_3$ 的吸附量增大。当 Na^+ 存在条件下,离子强度从 0 增加到 0.1 mol/L 时,细砂和中粗砂对 $CHCl_3$ 的吸附平衡量分别从 2.00 μg/g 和 1.78 μg/g 上升到 2.61 μg/g 和 2.38 μg/g,去除率从 53.47% 和 47.56% 上升到 92.04% 和 77.41%,这是由于金属阳离子的存在中和了更多的负电荷,含水层介质表面的扩散双电子层增厚,使得 $CHCl_3$ 与介质间的静电作用力减弱,有利于介质对 $CHCl_3$ 的吸附作用,吸附量增大。

金属离子的价态对吸附作用的促进作用也有影响,当溶液中存在二价金属 Ca^{2+} 时,离子强度增加到 0.1 mol/L 时,细砂和中粗砂对 $CHCl_3$ 的吸附平衡量分别上升到 2.72 μg/g、2.56 μg/g,促进作用大于 Na^+ 存在条件下,其原理是高价金属阳离子可以中和更多的负电荷,静电作用力减弱。Ca^{2+} 的存在与含水层介质作用形成键桥,使得介质的吸附点位增多,促进含水层介质对 $CHCl_3$ 的吸附。此外,Ca^{2+} 的存在使得水中腐殖酸疏水性增强,有机物更易于被土壤吸附,水体中有机物含量减少,$CHCl_3$ 的生成量随之减少。

第五节 地下水中 CHCl₃ 的微生物降解机制

已有研究表明,$CHCl_3$ 的化学水解半衰期较长,因此在不考虑化学水解作用的条件下,土壤和水体环境中存在着大量能够降解 $CHCl_3$ 的微生物,微生物降解作用是主要的作用机制。微生物降解是指消毒副产物通过微生物的降解作用,将其转换为最终产物的过程。微生物降解作用除受含水层介质中微生物自身条件影响外,还受到地下水条件的影响,所以本次研究开展人工回灌条件下微生物降解动力学试验和微生物降解影响因素研究,对回灌场地条件下 $CHCl_3$ 微生物降解规律进行研究。

一、微生物降解模型

通常使用一级衰减动力学模型和 Monod 方程进行拟合描述微生物降解过程,两种动力学方程如下:

(1)一级衰减动力学模型:

$$C_t = C_0 e^{-Kt} \tag{5-10}$$

式中　C_t——t 时刻液相中 $CHCl_3$ 浓度,$\mu g/L$;

　　　C_0——初始浓度,$\mu g/L$;

　　　K——一级降解速率常数,d^{-1};

　　　t——时间,d。

通过一级降解速率常数,确定该物质的半衰期:

$$T_{1/2} = \frac{0.693}{K} \tag{5-11}$$

(2)Monod 方程:

$$-\frac{dC}{dt} = \frac{q_{max} B C}{K_S + C} \tag{5-12}$$

式中　C——底物浓度,$\mu g/L$;

　　　B——微生物密度,数目$/L$;

　　　q_{max}——基质最大利用率,h^{-1};

　　　K_S——半饱和系数,$\mu g/L$;

　　　t——时间,d。

将微分方程用差分方法近似表达,其中 $\dfrac{dC}{dt} \approx \dfrac{\Delta C}{\Delta t} = \Delta$,则 Monod 方程转化为:

$$-\frac{B}{\Delta} = \frac{K_S}{q_{max}} \frac{1}{C} + \frac{1}{q_{max}} \tag{5-13}$$

通过绘制 $\dfrac{B}{\Delta} \sim \dfrac{1}{C}$ 关系曲线,由拟合直线的斜率和截距计算基质最大利用率q_{max}和半饱和系数K_S。

二、微生物降解模型拟合

(一)一级衰减动力学模型

根据试验结果绘制 CHCl₃ 降解曲线,并进行一级衰减动力学方程拟合(见图 5-13),拟合方程及参数见表 5-3。

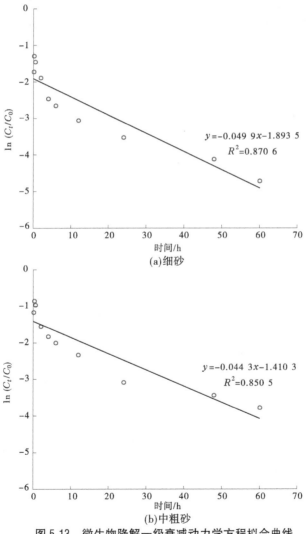

图 5-13 微生物降解一级衰减动力学方程拟合曲线

表 5-3　拟合方程及相关参数

介质类型	一级衰减动力学方程	K/d^{-1}	R	$T_{1/2}/d$
细砂	$\ln(C_t/C_0) = -0.050t - 1.894$	0.050	0.871	13.86
中粗砂	$\ln(C_t/C_0) = -0.044t - 1.410$	0.044	0.851	15.75

通过图 5-13 及表 5-3 可知,CHCl$_3$ 在细砂、中粗砂两种含水层介质中的生物降解作用进行一级衰减动力学方程拟合,两种介质对 CHCl$_3$ 的微生物降解速率大小为:细砂>中粗砂。

(二) Monod 模型

根据试验结果,绘制 $\dfrac{B}{\Delta} \sim \dfrac{1}{C}$ 关系曲线,对其进行线性拟合,拟合结果见图 5-14,拟合方程及参数见表 5-4。

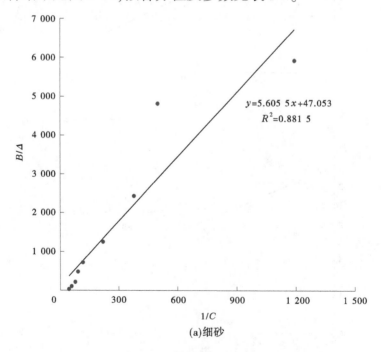

$$y = 5.605\ 5x + 47.053$$
$$R^2 = 0.881\ 5$$

(a)细砂

图 5-14　微生物降解 Monod 方程拟合曲线

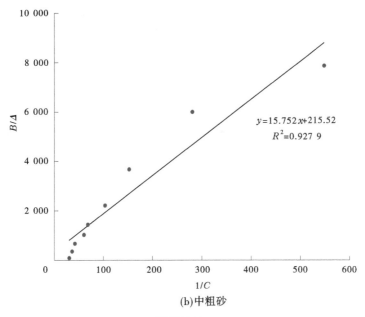

(b)中粗砂

续图 5-14

表 5-4　拟合方程及相关参数

介质类型	Monod 方程	$K_s/$ (mg/L)	$q_{max}/$ h^{-1}	R^2
细砂	$y = 5.6055x + 47.053$	0.118	0.021	0.881 5
中粗砂	$y = 15.752x + 215.52$	0.07	0.005	0.927 9

　　试验结果表明,在含水层介质存在条件下,$CHCl_3$ 的生物降解过程满足 Monod 方程,细砂、中粗砂的基质最大利用率 q_{max} 分别为 $0.021/h^{-1}$、$0.005/h^{-1}$,即随着介质粒径的增大,$CHCl_3$ 的生物降解速率逐渐减小。通过血球计数板确定两种介质所含微生物量存在差异,微生物数目大小为:细砂>中粗砂,这主要是由介质有机质含量决定的,细砂有机质含量高,有利于微生物的繁殖和富集,使得细砂对 $CHCl_3$ 的微生物降解速率较快。

三、初始浓度对降解速率的影响

　　通过研究细砂、中粗砂两种介质在不同初始浓度条件下微生物降解试验,绘制微生物降解速率与初始浓度关系曲线,如图 5-15 所示。在同一初始浓度条件下,两种介质对 $CHCl_3$ 的降解速率随含水层介质粒径减小而增大,主要受介质有机物含量及所含微生物浓度的影响,细砂的颗粒较细,微生物含量最高,且有机质含量高,对 $CHCl_3$ 的吸附能力最强,所以细砂对 $CHCl_3$ 的降解速率最大。此外,有机质含量越高,有利于提高微生物的活性,促进了 $CHCl_3$ 在回灌过程中的生物降解作用。

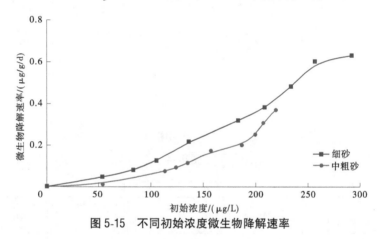

图 5-15　不同初始浓度微生物降解速率

两种介质对 $CHCl_3$ 的生物降解速率均随初始浓度的增大而增大。这主要是由于 $CHCl_3$ 作为微生物降解的碳源,$CHCl_3$ 生成量的增加,有利于微生物的富集,使得降解速率加快。

第六章　人工回灌过程中 CHCl$_3$ 的迁移转化规律

第一节　基于室内模拟柱试验的 CHCl$_3$ 的迁移规律

室内动态模拟试验充分考虑水体的流动和溶质的迁移过程,是研究人工回灌条件下 CHCl$_3$ 的迁移转化过程的有效手段。本书结合回灌场地的水文地质条件,在 CHCl$_3$ 特征研究的基础上,开展 CHCl$_3$ 的室内土柱模拟试验。同样为了模拟回灌过程,腐殖酸溶液作为背景溶液,一定有效氯浓度的溶液作为回灌水源,对比不同介质条件、水化学条件和水动力条件对 CHCl$_3$ 迁移过程的影响。同时通过对照试验结果对此过程中发生的吸附、迁移作用进行研究,为回灌水源消毒剂浓度水平的确定及 CHCl$_3$ 迁移转化模拟预报提供科学依据。

一、不同含水层介质类型条件下 CHCl$_3$ 的迁移规律

以流出液的 CHCl$_3$ 浓度与初始浓度之比为纵坐标,以试验时间与水流通过一个孔隙体积(PV)所需时间之比为横坐标,绘制穿透曲线,见图 6-1。同时计算各试验条件下 CHCl$_3$ 的通过量和残留量等系列参数,见表 6-1。

介质类型是影响 CHCl$_3$ 在多孔介质中的吸附和解吸过程的重要因素。图 6-1 的穿透曲线显示,在中粗砂介质中,1PV 后 CHCl$_3$ 浓度缓慢上升,1.77PV 时 CHCl$_3$ 的穿透曲线峰值上升至 0.70 并趋于稳定,阻滞系数为 1.42;当含水层介质为细砂时,

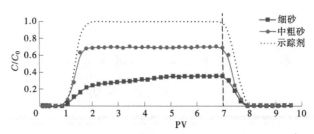

图 6-1 不同含水层介质条件下 $CHCl_3$ 的穿透曲线

1PV 后检测出 $CHCl_3$ 并缓慢上升,穿透时间增加至 4.84PV,穿透速度减慢,且峰值 C/C_0 仅有 0.36,阻滞系数增大至 4.10,迁移速度小于在中粗砂中的迁移速度。通过计算可知,在中粗砂填装的玻璃柱试验中,回灌水源回灌阶段 $CHCl_3$ 的质量回收率为 70.5%,而在细砂中的迁移试验结果,$CHCl_3$ 的质量回收率仅为 29.6%,远低于在中粗砂中的迁移结果。在 $CHCl_3$ 的释放阶段(Stage Ⅱ),在中粗砂、细砂迁移试验的流出液中 $CHCl_3$ 的质量回收率分别为 1.3% 和 2.4%,整个过程中 $CHCl_3$ 的残留量分别为 28.2% 和 68.0%。

表 6-1 动态迁移试验计算结果一览表

编号	影响因素	Stage Ⅰ/%	Stage Ⅱ/%	Retain/%	Peak C/C_0	R_f	k/ d^{-1}	K_d/ (cm^3/g)	λ/ d^{-1}
A1	含水层介质	70.5	1.3	28.2	0.70	1.41	4.75×10^{-2}	8.84×10^{-2}	0.035
A2		29.6	2.4	68.0	0.36	4.10	1.20×10^{-1}	7.73×10^{-1}	0.031
A3	初始浓度	42.8	2.8	54.4	0.40	1.66	1.07×10^{-1}	1.42×10^{-1}	0.068
A1		70.5	1.3	28.2	0.70	1.41	4.75×10^{-2}	8.84×10^{-2}	0.035
A4		73.4	1.4	25.2	0.99	1.15	1.54×10^{-3}	3.23×10^{-2}	0.001
A5	pH	76.6	3.1	20.3	0.80	1.32	2.98×10^{-2}	6.90×10^{-2}	0.023
A1		70.5	1.3	28.2	0.70	1.41	4.76×10^{-2}	8.84×10^{-2}	0.035
A6		40.8	1.8	57.0	0.42	1.55	1.16×10^{-1}	1.19×10^{-1}	0.007
A1	IS(NaCl)	70.5	1.3	28.2	0.70	1.41	4.75×10^{-2}	8.84×10^{-2}	0.035
A7		53.3	6.3	40.4	0.60	1.41	5.37×10^{-2}	8.84×10^{-2}	0.039
A8		39.4	8.8	51.8	0.45	1.45	8.41×10^{-2}	9.70×10^{-2}	0.061

续表 6-1

编号	影响因素	Stage I /%	Stage II /%	Retain/%	Peak C/C_0	R_f	$k/$ d^{-1}	$K_d/$ (cm^3/g)	$\lambda/$ d^{-1}
A1	IS(CaCl₂)	70.5	1.3	28.2	0.70	1.41	4.75×10^{-2}	8.84×10^{-2}	0.035
A9		48.2	5.3	46.5	0.51	1.45	5.50×10^{-2}	9.70×10^{-2}	0.055
A10		38.7	6.5	54.8	0.39	1.45	9.90×10^{-2}	9.70×10^{-2}	0.072
A11	流速	15.1	0.4	84.5	0.17	1.48	1.36×10^{-1}	1.03×10^{-1}	0.081
A1		70.5	1.3	28.2	0.70	1.41	4.75×10^{-2}	8.84×10^{-2}	0.035
A12		81.3	7.9	10.8	0.93	1.11	1.94×10^{-2}	2.37×10^{-2}	0.018

注:Stage I 表示吸附阶段流出液中相对回收质量;Stage II 表示解吸阶段流出液中相对回收质量;Retain 表示 $CHCl_3$ 被介质吸附百分比;Peak C/C_0 表示 $CHCl_3$ 完全穿透后流出液中 $CHCl_3$ 浓度与注入柱子中总浓度值之比。

$CHCl_3$ 在中粗砂介质中自然衰减速率常数为 4.75×10^{-2} d^{-1},在细砂中的自然衰减速率常数增大至 1.20×10^{-1} d^{-1}。中粗砂介质的吸附衰减速率常数为 8.84×10^{-2} cm^3/g,细砂介质具有更大的比表面积和更高的有机质含量,较大的比表面积为 $CHCl_3$ 的吸附提供更多的吸附点位,细砂的高 TOC 含量使得其吸附能力增强,吸附速率常数增大为 7.73×10^{-1} cm^3/g,使得流出液中 $CHCl_3$ 含量降低,迁移能力减弱。此外,细砂填充的玻璃柱孔隙度(0.34~0.37)略大于中粗砂填充的玻璃柱孔隙度(0.32~0.35),在相同的达西流速条件下,中粗砂填充玻璃柱中孔隙流速较大,流体对 $CHCl_3$ 的剪切力较大,使得吸附能力减弱。因此,中粗砂介质中 $CHCl_3$ 具有更大的迁移能力。在释放阶段,中粗砂介质的质量回收率稍高于细砂介质,高孔隙流速导致剪切力增大,介质对 $CHCl_3$ 的吸附平衡易破坏,使得一部分被吸附的 $CHCl_3$ 释放出来(Malkoc et al.,2006)。两组试验中生物降解速率均为 0.30 d^{-1} 左右,吸附作用是影响不同介质对 $CHCl_3$ 的迁移转化过程的主要因素。

二、不同初始浓度条件下 $CHCl_3$ 的迁移规律

初始有效氯浓度影响试验过程中 $CHCl_3$ 的初始浓度,在流

速为 0.2 mL/min,条件下,初始有效氯浓度分别为 0.25 mg/L、0.5 mg/L、1.0 mg/L 的穿透曲线见图 6-2。

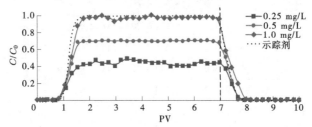

图 6-2　不同初始有效氯浓度条件下 CHCl₃ 的穿透曲线

在定流速条件下,根据 CHCl₃ 生成试验结果,改变初始有效氯浓度分别为 0.25 mg/L、0.5 mg/L、1.0 mg/L 时,生成的 CHCl₃ 量分别为 54.64 μg/L、63.86 μg/L、118.11 μg/L。当初始有效氯浓度为 0.25 mg/L 时,在消毒剂注入阶段(Stage Ⅰ),流出液中 CHCl₃ 在 1.18PV 时开始检出,并逐渐增大至 1.89PV 时刻穿透曲线达到浓度峰值。在淋滤阶段(Stage Ⅱ),被吸附的 CHCl₃ 得到释放,7.55PV 后不再有 CHCl₃ 被检出。通过计算 CHCl₃ 的质量回收率,在注入阶段(Stage Ⅰ),CHCl₃ 的回收率为 42.8%,在淋滤阶段(Stage Ⅱ),CHCl₃ 的回收率为 2.8%,有 54.4% 的 CHCl₃ 滞留于模拟柱中。

随着初始有效氯浓度增加至 0.5 mg/L、1.0 mg/L,流出液中 CHCl₃ 在 1.0PV 即开始被检出,随后 CHCl₃ 浓度逐渐增大,分别于 1.77PV 和 1.42PV 时刻穿透曲线达到浓度峰值,穿透曲线达到峰值的速度加快,阻滞系数降低,介质的有效吸附点位迅速饱和,流出液中 CHCl₃ 浓度趋于稳定并达到峰值。CHCl₃ 在 Stage Ⅰ 阶段的质量回收率分别增加到 70.5% 和 73.4%,分别至 7.67PV 和 7.79PV 后不再有 CHCl₃ 检出。根据穿透曲线,$C_0 = 0.25$ mg/L 的浓度条件下,CHCl₃ 的流出液浓度与初始浓度之比的峰值 C/C_0 为 0.40;$C_0 = 0.5$ mg/L 的浓度条件下,CHCl₃ 的流出液浓度与初始浓度之比的峰值 C/C_0 为 0.70;$C_0 = 1.0$ mg/L 的浓度条件下,CHCl₃ 的流出液浓度与初始浓度之比的峰

值 C/C_0(0.99)明显增大至近乎完全穿透。随着初始浓度的增大,自然衰减速率常数逐渐减小,分别为 $1.07×10^{-1}$ d^{-1}、$4.75×10^{-2}$ d^{-1} 和 $1.54×10^{-3}$ d^{-1},即 CHCl₃ 的穿透能力随初始浓度的增大而增加,这是由于在高浓度条件下,单位时间内通过介质的CHCl₃ 量增加,弥散系数及质量传递系数均增大(Padmesh et al.,2005),易达到饱和吸附容量,吸附衰减速率常数降低,有利于 CHCl₃ 的迁移作用。

在淋滤阶段(Stage Ⅱ)释放率分别为 1.3%和 1.4%。被吸附的 CHCl₃ 的释放能力随浓度的增大而减小,这是由于介质对 CHCl₃ 的吸附驱动力的大小与 CHCl₃ 在溶液和介质中的浓度差值有关,在高浓度条件下,被吸附的 CHCl₃ 量较大,使得在冲洗阶段浓度差值增大,导致吸附驱动力增大,被吸附的 CHCl₃ 不易被释放出来,因此释放率呈下降趋势(Zümriye et al.,2004)。

三、不同 pH 条件下 CHCl₃ 的迁移规律

pH 在 5、7 和 9 条件下,CHCl₃ 在饱和多孔介质中的迁移试验结果如图 6-3 所示。

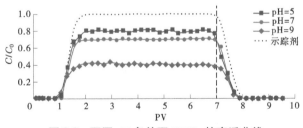

图 6-3 不同 pH 条件下 CHCl₃ 的穿透曲线

在酸性条件下,消毒剂注入阶段(Stage Ⅰ),流出液中 CHCl₃ 经过 2PV 达到浓度峰值,峰值 C/C_0 为 0.8,随着 pH 的增大,CHCl₃ 穿透曲线浓度峰值降低,pH=9 的条件下峰值 C/C_0 降低到 0.42,因此 CHCl₃ 的穿透能力随着 pH 的增大而降低。随着 pH 的增大,自然衰减速率常数计算结果分别为 $2.98×$

10^{-2} d^{-1}、4.76×10^{-2} d^{-1}、1.16×10^{-1} d^{-1},吸附衰减速率常数分别为 6.90×10^{-2} cm^3/g、8.84×10^{-2} cm^3/g、1.19×10^{-1} cm^3/g,吸附衰减速率常数随着 pH 的增大而增大,说明酸性条件下 $CHCl_3$ 不易被介质吸附。这是由于酸性条件下介质表面极性增强,介质亲水能力增强,$CHCl_3$ 为疏水性有机物,介质对水的吸附使得有效吸附点位减少。随着 pH 的增大,电势电位绝对值增大,负电性增强,$CHCl_3$ 与介质间的静电斥力减小,导致介质对 $CHCl_3$ 的吸附量升高。但随着 pH 从 5 增大到 7,$CHCl_3$ 的迁移能力稍有减弱,而随着 pH 的继续增大,$CHCl_3$ 的被吸附量明显增大,这是因为在酸性条件下,$CHCl_3$ 的生成量低于中性和碱性条件,低初始浓度是其迁移能力增强不明显的重要原因。此外,中性条件下生物降解速率常数大于偏酸或偏碱条件,这是由于中性条件下有利于微生物的生存和繁殖,生物降解速率增大。

在 $CHCl_3$ 的释放阶段(Stage Ⅱ),随着 pH 的增大,流出液中 $CHCl_3$ 的质量回收率分别为 3.1%、1.3% 和 1.8%,中性条件下流出液中 $CHCl_3$ 的质量回收率最小,酸性和碱性条件下都有被吸附的 $CHCl_3$ 的释放,这是由于在冲洗阶段,腐殖酸溶液模拟原始地下水条件,酸性或碱性的地下水体的冲刷使得介质 pH 发生变化,酸碱性的变化使得介质对 $CHCl_3$ 的吸附可逆,$CHCl_3$ 得以释放。

在线监测系统对 pH 变化进行监测,监测结果表明(见图 6-4):在背景溶液腐殖酸为酸性条件下,与回灌水源混合后溶液 pH 下降,但下降趋势微弱,由于溶液中 H^+ 和 ClO^- 水解作用生成的 OH^-,pH 下降不明显。而在碱性条件下,OH^- 的存在使 ClO^- 水解作用受到抑制,溶液中 OH^- 浓度较高,所以注入阶段流出液 pH 高达 8.5。

四、不同离子强度及类型条件下 $CHCl_3$ 的迁移规律

阳离子类型同样影响 $CHCl_3$ 的迁移规律。本次试验通过使

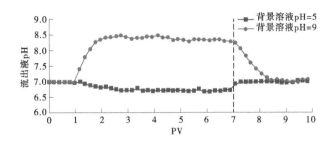

图 6-4 不同条件下（IS＝0）pH 变化

用 NaCl、CaCl₂ 溶液调节溶液离子强度 IS 分别为 0、0.02 mol/L、0.05 mol/L 时，分别研究一价阳离子（Na⁺）、二价阳离子（Ca²⁺）浓度对 CHCl₃ 的迁移影响。迁移穿透曲线见图 6-5。

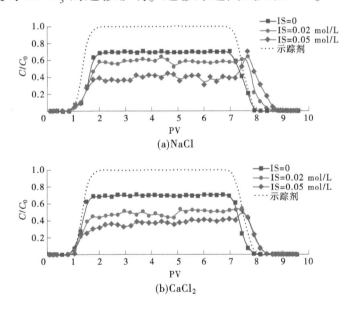

(a)NaCl

(b)CaCl₂

图 6-5 不同 IS 条件下 CHCl₃ 的穿透曲线

在 IS(NaCl)＝0.02 mol/L 条件下，消毒剂注入阶段，在 2.71PV 时，C/C_0 上升至最高（0.60），并趋于稳定，CHCl₃ 的质量回收率为 53.3%；在淋滤阶段（Stage Ⅱ），7.67PV 时 CHCl₃ 出现明显的释放过程，C/C_0 上升至 0.64，随后开始下降，在 8.1PV 时不再有 CHCl₃ 检出，CHCl₃ 的释放量为 6.3%，40.4%

的 $CHCl_3$ 滞留于介质中。

当 IS(NaCl)= 0.05 mol/L 条件下,3.42PV 时 $CHCl_3$ 完全穿透,峰值 C/C_0 为 0.43,$CHCl_3$ 的质量回收率为 39.4%,明显低于 IS(NaCl) = 0.02 mol/L 试验条件下;在淋滤阶段(Stage Ⅱ),7.67PV 时 $CHCl_3$ 出现明显的释放过程,C/C_0 上升至 0.70,$CHCl_3$ 的释放量为 8.8%,$CHCl_3$ 的释放量随着离子强度的增大而增大。整个试验过程中,滞留于介质中的 $CHCl_3$ 量为 51.8%。

试验结果显示金属离子的加入使得 $CHCl_3$ 的迁移速度明显降低,阻滞系数从 1.41 增大到 1.45。由于介质表面带负电荷,随着 IS 的增大,金属阳离子中和介质表面更多的负电荷,含水层介质表面的扩散双电子层厚度增大,使得 $CHCl_3$ 与介质间的静电作用力减弱,有利于介质对 $CHCl_3$ 的吸附作用,$CHCl_3$ 迁移能力减弱。此外,本试验 $CHCl_3$ 是在回灌过程中消毒剂与腐殖酸相互作用形成的,金属离子的存在对 $CHCl_3$ 的生成量影响较大,试验过程中 $CHCl_3$ 的初始浓度降低是其迁移能力减弱的又一主要原因。在淋滤阶段(Stage Ⅱ),高 Na^+ 浓度条件下 $CHCl_3$ 的释放浓度高于低 Na^+ 浓度条件下的释放浓度,释放总量也随之增大,这是由于在淋滤阶段淋滤液中没有金属离子,离子强度的突变导致 $CHCl_3$ 的释放明显,且离子强度、浓度变化越大,释放作用越明显。

当加入 $CaCl_2$ 溶液,在消毒剂注入阶段(Stage Ⅰ),穿透曲线与 NaCl 作为电解质呈现相同的迁移规律,在 IS($CaCl_2$)= 0.02 mol/L 时,达到浓度峰值所需时间增加,在 2.24PV 时 $CHCl_3$ 开始穿透,且穿透峰值浓度下降到 0.51,随着 IS 的继续增大[IS($CaCl_2$)= 0.05 mol/L],到达浓度峰值所需时间增加至 2.36PV,流出液中 $CHCl_3$ 浓度降低,峰值浓度仅为 0.39。通过计算可知,当 IS<0.002 mol/L 时 $CHCl_3$ 的质量回收率为 69.1%,IS 增大到 0.02 mol/L 和 0.05 mol/L 时,$CHCl_3$ 的质量回收率分别为 48.2%和 38.7%,即随着二价阳离子浓度的增大,$CHCl_3$ 在

多孔介质中迁移能力下降。在淋滤阶段(Stage Ⅱ),也存在释放作用,且释放初期浓度上升,随后下降至不再检出,释放量分别为 5.3% 和 6.5%。

在相同 IS 条件下,二价阳离子对 CHCl₃ 的迁移阻滞作用大于一价阳离子,介质对 CHCl₃ 的吸附量远大于一价阳离子存在时。高价金属阳离子可以中和更多的负电荷,静电作用力减弱,此外,Ca^{2+} 的存在与含水层介质作用形成键桥,介质的吸附点位增多,促进含水层介质对 CHCl₃ 的吸附(Zhao et al.,2012)。此外,Ca^{2+} 的存在使得水中腐殖酸疏水性增强,有机物更易于被土壤吸附,水体中有机物含量减少,CHCl₃ 的生成量小于 Na^+ 存在条件下,低初始浓度导致迁移能力降低。

为了更好地对比 IS 对 CHCl₃ 迁移规律的影响,通过在线监测系统对电导率变化进行监测,监测结果见图 6-6。

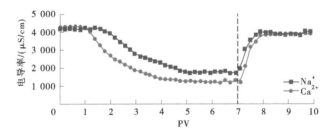

图 6-6　不同金属离子条件下(IS=0.05 mol/L)电导率变化

本次试验中模拟地下水为有阳离子存在的腐殖酸溶液,而模拟回灌水源中无阳离子的存在,因此回灌过程中两者的混合使得电导率先呈下降趋势最终趋于稳定,但从下降趋势来看,电导率最低值低于初始值的 1/2,因此除简单的混合作用外,还有介质对金属离子的吸附作用,流出液中 Ca^{2+} 电导率下降趋势明显大于 Na^+,说明更多的 Ca^{2+} 与介质作用滞留于介质中,进一步证明 Ca^{2+} 的存在与含水层介质作用形成键桥,使得介质的吸附点位增多,促进含水层介质对 CHCl₃ 的吸附。

五、不同流速条件下 CHCl₃ 的迁移规律

试验过程在保持 pH(pH=7) 和离子强度(IS=0)不变的条件下,利用蠕动泵调节试验溶液通入模拟柱的流速(v=0.1 mL/min、v=0.2 mL/min、v=0.4 mL/min,分别代表 0.45 m/d、0.9 m/d、1.8 m/d 的达西流速)来模拟不同回灌流量,考察不同回灌流量导致地下水流速的差异对 $CHCl_3$ 在多孔介质中的迁移规律的影响,穿透曲线见图6-7。

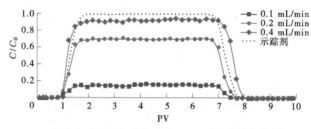

图6-7 不同流速条件下 $CHCl_3$ 的穿透曲线

流速是影响 $CHCl_3$ 在多孔介质中的吸附和解吸过程的重要因素。图 6-7 的穿透曲线显示,在低流速条件下(v=0.1 mL/min),1PV 后 $CHCl_3$ 浓度缓慢上升,1.77PV 时 $CHCl_3$ 的穿透曲线峰值上升至 0.17 并趋于稳定,阻滞系数为 1.48;当流速增大到 0.2 mL/min 时,同样在 1.77PV 时穿透,但穿透曲线浓度增大到 0.70,阻滞系数下降到 1.41,穿透速度增大;当流速继续增大(0.4 mL/min),穿透时间提前至 1.72PV,穿透浓度增大至 0.93,阻滞系数下降至 1.11,$CHCl_3$ 的迁移速率随着流速的增大而增大。通过计算可知,在回灌水源回灌阶段,v=0.1 mL/min 的低流速条件下的通过率为 15.1%,v=0.2 mL/min 的流速条件下 $CHCl_3$ 的通过率为 70.5%,流速继续增大,通过率高达 81.3%,流速的增大使得 $CHCl_3$ 的质量回收率提高。随着流速的增大,自然衰减速率常数逐渐降低,分别为 $1.36×10^{-1}$ d^{-1}、$4.75×10^{-2}$ d^{-1} 和 $1.94×10^{-2}$ d^{-1},吸附衰减速率常数和生物降解速率常数随流速的

增大而下降,一方面,这是由于吸附和生物降解过程不是瞬时完成的,随着流速的增大,$CHCl_3$ 在介质中的滞留时间降低,由于溶质扩散作用的减弱,$CHCl_3$ 与收集器的碰撞次数降低,不利于吸附作用,使得吸附到介质上的吸附量降低(Ghorai et al.,2005)。另一方面,水动力因素同样影响 $CHCl_3$ 的迁移能力,流速的变化影响 $CHCl_3$ 与多孔介质间的剪切力距,随着流速的增大,剪切力增大,导致多孔介质对 $CHCl_3$ 的吸附量降低。

在 $CHCl_3$ 的释放阶段(Stage Ⅱ),随着流速的增大,流出液中 $CHCl_3$ 的质量回收率分别为 0.4%、1.3% 和 7.9%,质量回收率逐渐增大,且当流速为 0.4 mL/min 时,存在明显的拖尾现象;整个试验过程中滞留于柱子中的 $CHCl_3$ 量逐渐降低。这是因为受动力学作用的影响,在高流速条件下,水流的剪切力增大,介质对 $CHCl_3$ 的吸附平衡易于被破坏,从而使吸附在介质上的 $CHCl_3$ 从表面解吸,故出现拖尾现象,$CHCl_3$ 的释放过程较长,且随着流速的增大,介质对 $CHCl_3$ 的吸附作用由不可逆过程转变成可逆过程。

第二节　基于场地回灌试验的 $CHCl_3$ 的迁移转化规律

前述章节开展的 $CHCl_3$ 耦合胶体效应影响下的形成试验、吸附试验和生物降解试验,探究了人工回灌过程中 $CHCl_3$ 耦合胶体效应影响下的形成机制、转化机制。在此研究的基础上,本节在人工回灌试验场地开展人工回灌试验,分别将有胶体、无胶体的回灌水源进行氯化消毒后由回灌井注入到地下含水层,通过监测回灌试验过程中各监测井的地下水环境要素、典型化学组分、$CHCl_3$ 及 TOC 浓度变化,分析胶体效应影响下地下水中 $CHCl_3$ 的时空演化特征;在对人工回灌试验过程中 $CHCl_3$ 在地下水中的迁移规律分析的基础上,进一步对影响 $CHCl_3$ 在地下水中环境行为的吸附和生物降解作用进行量化表征,对 CHCl₃ 在地下水中的迁移转化过程和归宿做出合理评价,为建立 CHCl₃ 耦合胶体效应的迁移转化模型提供理论基础和相关参数,为保障人工回灌过程中地下水安全提供理论依据。

一、示踪试验结果分析

本次人工回灌场地潜水含水层示踪试验历时 1 980 min,分别在平行于河道方向 J1(RZK-05、RZK-06、RZK-08)、地下水流方向 J2(RZK-04、RZK-10、RZK-13)、垂直于河道方向 J3(RZK-03、RZK-11、RZK-15)设置 3 个监测剖面,试验过程中对电导率及溶解性总固体 TDS 进行监测,选择其中 7 个时刻的地下水样品测定 Cl⁻ 浓度,确定电导率与 Cl⁻ 浓度间的线性关系(见图 6-8),计算各时刻地下水中 Cl⁻ 浓度值及增加值。

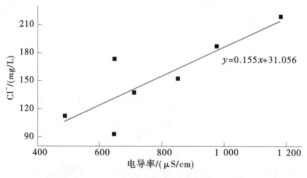

图 6-8 Cl⁻ 浓度与电导率间的关系

将 J1~J3 剖面各个试验井计算得到的 Cl⁻ 浓度与地下水 Cl⁻ 浓度背景值相减,得出各试验井不同时刻示踪剂 Cl⁻ 浓度,其随时间变化曲线如图 6-9 所示。

分析 3 个剖面监测井示踪剂 Cl⁻ 浓度数据,从图 6-9(a)平行于河道方向的 J1 剖面监测井示踪剂浓度变化曲线可以看出,3 个监测井的穿透曲线均为近似对称的单峰曲线,其中 RZK-08 监测井 Cl⁻ 浓度自第 15 min 开始变化,第 175 min 时 Cl⁻ 浓度达

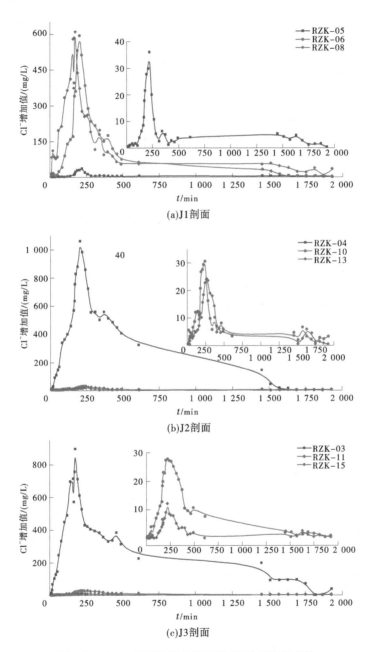

图 6-9　J1~J3 剖面监测井示踪剂 Cl⁻ 浓度变化曲线

到 731. 656 mg/L,Cl⁻浓度增加值为 608. 840 mg/L,随后呈下降趋势;RZK-06 监测井地下水 Cl⁻浓度自第 15 min 开始变化,第 205 min 达到 Cl⁻浓度峰值 706. 856 mg/L,Cl⁻浓度增加值为 592. 410 mg/L,随后呈下降趋势;RZK-05 监测井地下水 Cl⁻浓度变化不明显,即受示踪剂投加量和地下水流方向影响,仅有少量示踪剂到达监测井,在 220 min 达到 Cl⁻浓度最大值,Cl⁻浓度增加值仅为 35. 960 mg/L。

J2 剖面和 J3 剖面监测井的示踪剂穿透曲线同样表现为单峰特征,其中 RZK-04 和 RZK-03 监测井监测到明显的示踪剂浓度变化。RZK-04 监测井地下水 Cl⁻浓度自第 10 min 开始变化,第 205 min 达到 Cl⁻浓度峰值 1 199. 756 mg/L,Cl⁻浓度增加值为 1 060. 355 mg/L;RZK-03 监测井地下水 Cl⁻浓度自第 15 min 开始变化,第 175 min 达到 Cl⁻浓度峰值 1 029. 256 mg/L,Cl⁻浓度增加值为 894. 970 mg/L。与 J1 剖面不同,示踪剂曲线具有不对称的特征,上升段较陡,下降段较缓慢,在达到浓度峰值后,Cl⁻浓度下降速度明显小于 J1 剖面监测井,虽下降但仍在高 Cl⁻浓度水平保持一段时间。曲线的拖尾现象是由于示踪剂浓度随时间的变化受地下水流和弥散效应影响,在示踪剂浓度上升阶段,受回灌水源注入和地下水流的双重影响,示踪剂运移至水流侧边水区,在浓度下降阶段回灌水源停止注入,水流侧边流速下降,溶质向相反方向运动造成穿透曲线的拖尾现象,RZK-03 监测井的拖尾现象同时说明了地下水对河水的补给作用(郭芳 等,2016)。

由于各监测井示踪剂浓度差别较大,为进一步分析监测井中 Cl⁻浓度的变化情况,对各监测井 Cl⁻浓度进行单位化处理,即用各时刻 Cl⁻浓度增加值除以各井的 Cl⁻浓度峰值,绘制穿透曲线如图 6-10、图 6-11 所示。从图中可以看出,投源井 RZK-07 中地下水 Cl⁻浓度值在试验初期基本保持稳定,停止示踪剂投放后 Cl⁻浓度仍保持在稳定值至 370 min,这是由于受取样设备的限制,测得的 Cl⁻浓度值为投源井中回灌水源滞留在井中的上层水的浓度,370 min 后 Cl⁻ 浓度下降缓慢,表明投加的示踪剂溶液随地下水溶液运移扩散。随着示踪剂溶液投入到 RZK-07 投源井中,受地下水流向及与投源井距离的影响,每个剖面监测井的示踪剂的运移扩散速率不同。垂直于河道方向(RZK-03)率先发生变化,随后是地下水流方向(RZK-04)和平行于河道方向(RZK-08),由于 RZK-04 监测井与投源井的距离大于另两个监测井,示踪剂完全穿透速率受地下水流方向及对流弥散作用双重影响,完全穿透速率大小为:垂直于河道方向>平行于河道方向>地下水流方向,平行于河道方向的 RZK-08 监测井中示踪剂完全穿透时间最长,说明 RZK-08 监测井处于非主要流向上,因此其峰值浓度最低。

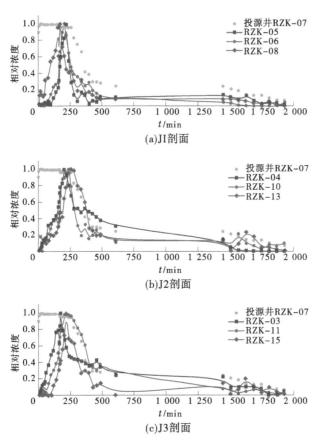

图 6-10　典型监测井示踪剂浓度变化穿透曲线

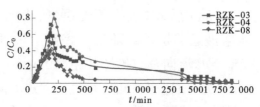

图 6-11　不同方向监测井示踪剂穿透曲线

二、地下水环境要素演化特征

为研究地下水环境要素随时间的演化特征,根据监测井的监测数据分析人工回灌过程中地下水电导率、TDS、Eh、DO、pH等指标随时间的变化规律。

(一)电导率和 TDS

电导率值是表征地下水导电能力的重要指标,与地下水中离子种类和离子含量有关(陆强,2016);TDS 值是表征水中所有离子的总含量,因此地下水中溶解物越多,电导率和 TDS 值越高。受化学水解作用影响,余氯对地下水的电导率和 TDS 影响不显著(Nicholson et al.,2002)。根据电导率和 TDS 监测数据,利用部分数据绘制两者相关曲线,如图 6-12 所示,两者相关性较好,行为具有一致性。

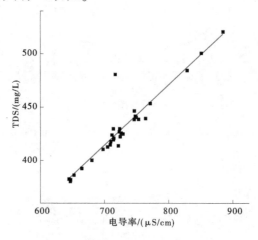

图 6-12　TDS 和电导率相关曲线

人工回灌试验过程中各监测井地下水电导率和 TDS 随时间变化曲线如图 6-13 所示。

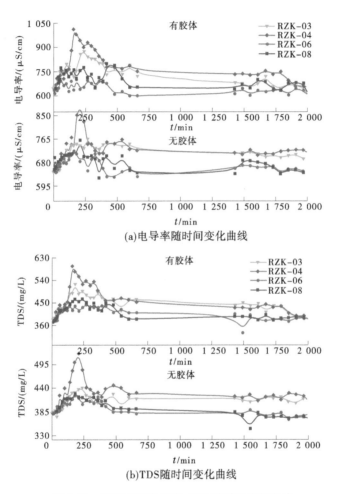

(a)电导率随时间变化曲线

(b)TDS随时间变化曲线

图 6-13　各监测井电导率、TDS 随时间变化曲线

回灌水源的电导率和 TDS 背景值分别为 1 180.24 μS/cm 和 447 mg/L,目标含水层地下水的电导率和 TDS 背景值分别为 646.20 μS/cm 和 380 mg/L,均明显低于回灌水源,因此回灌水源的离子种类和含量与原生地下水表现出显著的差异性。试验过程中各监测井的电导率和 TDS 的变化特征都经过先上升后逐渐下降最后趋于稳定的变化过程。

无胶体条件下随着回灌水源的注入,地下水中电导率逐渐增加,RZK-04 监测井在第 210 min 达到电导率最大值 884 μS/cm,其他监测井电导率最大值分别为 746 μS/cm(RZK-03)、720 μS/cm(RZK-06)和 760 μS/cm(RZK-08),随后呈下降趋势至 660 min 后稳定;TDS 值变化与电导率的变化规律一致,TDS 最大值分别为 439 mg/L(RZK-03)、520 mg/L(RZK-04)、423 mg/L(RZK-06)和 428 mg/L(RZK-08),然后逐渐下降至稳定值,但两指标的稳定值仍高于原生地下水的背景值。

10 mg/L 的 SiO_2 胶体存在条件下,电导率和 TDS 的变化趋势与无胶体条件下基本一致,但其峰值及到达峰值时间不同。RZK-04 监测井电导率和 TDS 在 160 min 达到最大值,分别为 1 012 μS/cm 和 596 mg/L,其他监测井电导率最大值分别为 872 μS/cm(RZK-03)、694 μS/cm(RZK-06)和 756 μS/cm(RZK-08),TDS 最大值分别为 523 mg/L(RZK-03)、442 mg/L(RZK-06)和 464 mg/L(RZK-08),明显高于回灌水源无胶体条件下的峰值。造成两组试验电导率和 TDS 峰值差异的主要原因是 SiO_2 胶体的加入,在尺寸排阻作用下胶体在多孔介质中运移速度较快,SiO_2 胶体颗粒对部分离子提供大量的吸附点位(杨悦锁 等,2017),因此增强部分溶质迁移能力,使得混合速率增加,地下水中离子含量的增大将对 $CHCl_3$ 的形成作用及迁移过程造成一定的影响。

人工回灌过程中地下水的电导率和 TDS 受混合作用的影响,回灌水源与地下水两种液体的混合由于弥散作用形成两种水体的过渡区,所形成的地下水电导率和 TDS 值与回灌前不同,因此这种回灌水源与地下水的混合程度可以利用混合水的电导率或 TDS 很好地反映,混合程度取决于参与混合作用的两种水的成分及其各自所占的比例。本次人工回灌系统利用 TDS 的变化反映回灌水源的迁移规律及其与地下水的混合程度随时间的变化规律,RZK-04 监测井地下水中回灌水源所占比例随时间变化曲线如图 6-14 所示。

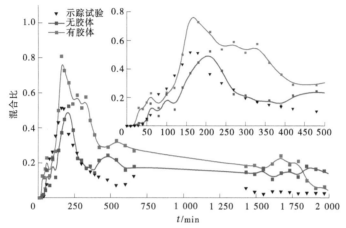

图 6-14　RZK-04 监测井地下水中回灌水源所占比例随时间变化曲线

从示踪试验变化曲线可以看出,试验前期地下水与回灌水源的混合程度逐渐增大,示踪剂在第 170 min 停止注入达到最大混合比 52%;无胶体条件下,当使用经氯化消毒的回灌水源进行回灌时,回灌初期根据 TDS 变化计算的混合程度呈上升趋势,在第 210 min 回灌水源在地下水中所占比例最大为 52.6%,与示踪试验最大混合程度相同,但达到最大混合程度的时间较示踪试验推后,该现象表明氯化消毒水体回灌过程中有两个重要过程控制着地下水环境因素的变化:一个是混合过程,另一个是水-岩-气相互作用过程。有胶体条件下,TDS 混合比在试验前期上升速率明显高于示踪试验,160 min 达到最大混合程度,回灌水源所占的最大比例高达 81.2%,较示踪试验提高 29.2%,表明回灌水源中胶体 SiO₂ 的加入使得地下水中回灌水源 TDS 所占比例增加,SiO₂ 胶体提高了部分溶质的迁移速率。

（二）氧化还原环境(DO 和 Eh)

DO 值与 Eh 值均是反映地下水氧化还原条件的重要指标,根据 RZK-04 监测井地下水 DO 和 Eh 数据绘制 Eh~DO 相关曲线(见图 6-15)。分析 DO 与 Eh 的相关程度可以看出,人工回灌过程 Eh 与 DO 呈正相关关系,有胶体、无胶体条件下相关系数分别达到 0.934 7 和 0.907 8,相关性较高,表明地下水中 DO 是主要的氧化剂,是影响地下水氧化还原环境最主要的因素。

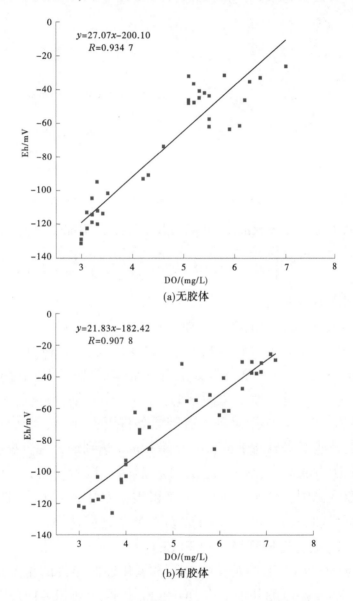

(a)无胶体

(b)有胶体

图 6-15　RZK-04 监测井地下水 DO 与 Eh 相关关系图

目标含水层地下水的 DO 和 Eh 背景值均较低(分别为 3.1 mg/L 和 -122.5 mV),属还原环境;回灌水源的 DO 和 Eh(分别为 8.5 mg/L 和 -23.9 mV)高于原生地下水,回灌水源的注入对地下水的氧化还原环境产生影响,进而影响 CHCl$_3$ 的生物降解过程。人工回灌试验过程中 DO 和 Eh 随时间变化曲线如图 6-16 所示。

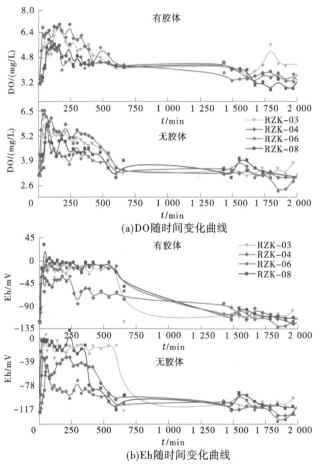

图 6-16　各监测井地下水 DO 和 Eh 随时间变化曲线

DO 是指溶解在水中游离氧的含量,从 DO 随时间变化曲线[见图 6-16(a)]可以看出,厌氧含水层中高 DO 回灌水源的注入引起试验过程中氧化还原条件发生变化,DO 值随着回灌的进行逐渐增大,有胶体、无胶体条件下,RZK-04 监测井 DO 值分别在 50 min 和 80 min 达到最大值,最大值分别为 6.6 mg/L、6.5 mg/L,低于回灌水源的 8.5 mg/L,随后开始下降。与电导率随时间变化的对比分析发现,DO 达到最大值的时间较电导率和 TDS 明显提前,在回灌水源停止注入前,无胶体存在条件下 RZK-04、RZK-03 地下水 DO 在 80 min 最先出现下降趋势,随后 RZK-06、RZK-08 的 DO 值下降。如果仅因为混合作用使得 DO 达到峰值后降低,经计算混合比分别为 51.8% 和 62.9%,均低于 TDS 的最大混合比例,表明除混合作用外,发生微生物降解作用消耗水中 DO(何海洋 等,2012)。

Eh 值可以表征地下水氧化性或还原性的相对程度,试验过程中其变化规律与 DO 相似。随着回灌水源的注入,无胶体条件下地下水 Eh 值呈缓慢上升趋势,这是由于随着回灌的进行,地下水中回灌水源所占比例增加使 Eh 值逐渐上升,50 min 达到最大值-46.4 mV;有胶体条件下地下水中 Eh 值在 80 min 达到最大值-37.65 mV。有胶体存在条件下,DO 值和 Eh 值下降均较无胶体条件下明显,表明胶体存在有利于好氧菌微生物降解作用,这是由于含水层介质中的微生物受地下水中 SiO_2 胶体的影响,使得地下水中好氧菌多样性增加,生物降解作用增强使得更多的 DO 被消耗,DO 值和 Eh 值下降。

回灌过程中,回灌井周围形成强氧化带,氧化条件下需氧菌和兼性厌氧菌均以 O_2 为主要电子受体,氧化有机物或无机物作为其能量来源,Eh 的增加促进了需氧菌和兼性厌氧菌的有氧代谢,McCarty(1993)研究表明微生物的好氧共代谢作用是一种潜在的修复含氯脂肪烃含水层的有效方法。人工回灌过程中氧化还原环境发生变化,地下水氧化性增强促进目标含水层地下水中好氧微生物的生长,对厌氧微生物的生长产生一定的抑制作用,从而对地下水中 $CHCl_3$ 的生物降解作用产生影响。

(三) pH

人工回灌过程中各监测井 pH 随时间变化曲线如图 6-17 所示。

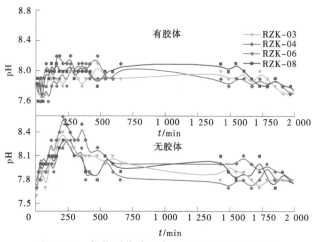

图 6-17　各监测井地下水 pH 随时间变化曲线

人工回灌试验前地下水 pH 背景值为 7.79,回灌水源中 NaClO 的水解作用使得 pH 为 8.45,偏高于地下水 pH 背景值。从 pH 随时间变化曲线可以看出,各监测井地下水 pH 随着回灌水源的注入均呈上升趋势,无胶体条件下各监测井 pH 最大值分别为 8.4(RZK-03)、8.6(RZK-04)、8.3(RZK-06)和 8.3(RZK-08);pH 的逐渐升高是由于高 pH 的回灌水源与地下水混合导致的,沿地下水流方向的 RZK-04 监测井上升趋势最大,主要是受混合程度的影响,该方向上监测井地下水中回灌水源所占比例最高,随后呈下降趋势。试验过程中 pH 的最大值高于回灌水源的 pH 最大值,这是由于 NaClO 的水解作用是影响 pH 变化的主要因素,而 CHCl₃ 的形成作用不是瞬时完成的,随着 CHCl₃ 的形成 HClO 被消耗,NaClO 的水解作用向右进行,形成更多的 OH⁻ 使得地下水 pH 高于回灌水源。

有胶体条件下试验各监测井 pH 最大值分别为 8.0(RZK-03)、8.2(RZK-04)、8.1(RZK-06)和 8.1(RZK-08),10 mg/L

的 SiO_2 胶体存在条件下 pH 增加速率大，但最大值明显低于无胶体条件，这是由于人工回灌过程受 SiO_2 胶体对形成作用的影响明显，胶体的吸附作用抑制了 $CHCl_3$ 的形成作用，NaClO 的水解作用向右进行速率降低，因此 pH 的最大值低于无胶体条件。

三、地下水典型化学组分演化特征

根据地下水环境要素的演化特征可以看出，在人工回灌试验过程中回灌水源注入后地下水除受回灌水源与周围地下水之间的混合作用影响外，回灌后地下水与含水层矿物间的相互作用影响地下水环境，包括有机物和硫化物矿物氧化、碳酸盐溶解等生物地球化学过程，地下水中典型化学组分的变化将反映化学反应的发生（Herczeg et al.，2010）。本次研究通过对 RZK-04 监测井地下水水化学组分变化特征的监测，分析地下水化学组分对人工回灌 $CHCl_3$ 耦合胶体效应影响下的迁移转化过程的响应。

（一）主要离子变化特征

为了对比分析人工回灌过程中 $CHCl_3$ 耦合胶体效应影响下地下水中主要阴、阳离子的变化特征，对人工回灌试验过程中 RZK-04 监测井主要阴、阳离子进行取样分析，试验过程中主要阴、阳离子变化规律如图 6-18 所示。

根据图 6-18 可以看出，回灌水源注入后地下水中各阳离子（K^+、Na^+、Ca^{2+}、Mg^{2+}）浓度增加，尤其是回灌水源中 K^+、Ca^{2+}、Mg^{2+} 离子含量与原生地下水中差异较大，使得增大幅度明显，因此各阳离子浓度变化受混合作用影响。但有胶体、无胶体条件下 Na^+ 和 Ca^{2+} 含量均升高，且高于回灌水源中的离子浓度，表明除混合作用外，还可能存在水-岩相互作用。回灌试验过程中（170 min），地下水中 Na^+ 浓度从 60 mg/L 增加到 189.4 mg/L，变化程度比 Cl^- 变化明显。含水层介质中含 Na 的矿物主要为钠长石，为硅酸盐矿物，在本次人工回灌试验监测的时间尺度内

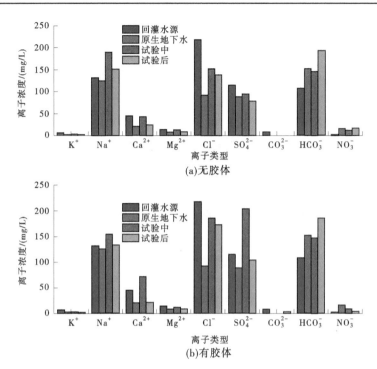

图 6-18　监测井 RZK-04 地下水中主要阴、阳离子浓度变化

溶解作用较弱,这一结果也证明地下水与含水层介质间存在着阳离子交换作用。

在回灌水源注入后,为了计算矿物-溶液的相互作用造成的含水层中溶质浓度的增加或减少,计算各离子净增量(Herczeg et al.,2010)。首先根据 Cl⁻ 质量平衡得到原生地下水与回灌水源的混合比用于重新计算其他主要离子浓度,从每个取样时刻的测试值中减去计算值,每种离子计算为正值表示净转移到溶液中(矿物溶解),负值表示通过矿物相沉积去除,各离子净增量计算结果如表 6-2 所示。

如果只发生上述阳离子交换作用,将导致 K⁺ 和 Ca²⁺ 浓度降低,但计算结果表明 Ca²⁺ 浓度呈升高趋势,且高于回灌水源中 Ca²⁺ 浓度水平,出现了原生地下水中 Ca²⁺ 的富集,阳离子交换作用表现为非等量交换的现象,该变化过程表明回灌过程中除受混合作用影响外,Ca^{2+}含量还受水-岩作用的影响。无胶体条件下,人工回灌过程中地下水与含水层介质发生阳离子交换作用,回灌水源中阳离子含量与地下水中的浓度差大小顺序为 $K^+>Ca^{2+}>Mg^{2+}>Na^+$,因此高浓度差促进向 K^+、Ca^{2+} 吸附方向发生阳离子交换作用(Vandenbohede et al.,2009):

表 6-2　RZK-04 监测井主要阴、阳离子净增量计算值汇总

离子类型	指标	无胶体		有胶体	
		试验中 (170 min)	试验后 (1 980 min)	试验中 (170 min)	试验后 (1 980 min)
K^+	测试值	3.18	2.27	2.73	1.02
	计算值	3.96	2.03	3.96	2.03
	Net	−0.78	0.24	−1.23	−1.01
Na^+	测试值	189.4	151.52	155.3	133.38
	计算值	127.76	125.13	127.76	125.13
	Net	61.64	26.39	27.53	8.25
Ca^{2+}	测试值	42.77	24.52	71.76	21.48
	计算值	31.15	21.77	31.15	21.77
	Net	11.62	2.75	40.61	−0.29
Mg^{2+}	测试值	13.22	8.33	12.11	8.22
	计算值	14.78	8.43	14.78	8.43
	Net	−1.56	−0.10	−2.67	−0.21
SO_4^{2-}	测试值	94.67	78.35	203.49	103.92
	计算值	99.66	89.21	99.66	89.21
	Net	−4.99	−10.86	103.83	14.71
CO_3^{2-}	测试值	0	0	0	3.19
	计算值	3.39	0.16	3.39	0.16
	Net	−3.40	−0.16	−3.40	3.03
HCO_3^-	测试值	145.27	193.69	146.72	186.33
	计算值	133.82	151.64	133.82	151.64
	Net	11.45	42.05	12.99	34.69
NO_3^-	测试值	11.96	16.73	8.00	3.54
	计算值	10.07	16.11	10.06	16.11
	Net	1.89	−8.12	6.66	−12.57

注:Net 为净增量。

$$2K^+(aq) + Mg^{2+}(s) \longrightarrow Mg^{2+}(aq) + 2K^+(s) \quad (6\text{-}1)$$

$$Ca^{2+}(aq) + 2Na^+(s) \longrightarrow 2Na^+(aq) + Ca^{2+}(s) \quad (6\text{-}2)$$

根据目标含水层介质的 X 射线衍射测试结果可知(第五章第三节),含水层介质中含 Ca 的矿物主要有方解石、白云石,所以初步判定人工回灌过程中使 Ca^{2+} 含量升高的水-岩作用主要为方解石:

$$CaCO_3 + CO_2 + H_2O \longrightarrow 2HCO_3^- + Ca^{2+} \quad (6\text{-}3)$$

这种溶解的主要原因是高盐度的回灌水源对周围地下水的影响,导致地下水相对于碳酸盐岩矿物过饱和,Ca^{2+} 含量的升高伴随着 HCO_3^- 浓度的升高,当地含水层中富集方解石等矿物,因此进一步证明其可能来源为含水层中矿物溶解,方解石在 H_2O-CO_2 三相不平衡体系中,发生溶解生成 $Ca(HCO_3)_2$,碳酸盐的溶解与回灌水源的氧气和可氧化有机物含量有关(提供质子)。Na^+、Ca^{2+} 和 HCO_3^- 在溶液中的释放主要是由介质中镁方解石的溶解引起的,这是由有机物和硫化物矿物氧化所产生的酸性造成的(何薪,2010)。试验进行到 170 min,HCO_3^- 相对于其他阴离子变化最小,且试验结束时 HCO_3^- 浓度高于原生地下水浓度,进一步证明该过程中 $CaCO_3$ 矿物溶解。

试验过程受阳离子交换和水-岩作用的影响,$CHCl_3$ 的形成影响因素研究结果显示,地下水中 Ca^{2+} 浓度增大使得 $CHCl_3$ 的形成作用受到抑制,有胶体存在条件下,对 SiO_2 胶体具有改性作用,改性后的 SiO_2 胶体对芳香性有机物具有选择吸附作用,使得胶体对反应前体物的吸附能力增强,降低了 $CHCl_3$ 的生成量,因此胶体存在条件下,人工回灌过程中 $CHCl_3$ 在地下水中的吸附作用增强。

(二)重金属变化特征

本次研究选择总 Fe、Fe^{2+} 和 Mn 研究人工回灌过程中耦合胶体效应影响下的演化特征,上述三种指标的变化规律如

图 6-19 所示。

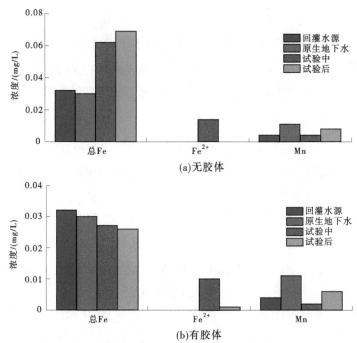

(a)无胶体

(b)有胶体

图 6-19　监测井 RZK-04 地下水典型重金属浓度变化

根据图 6-19 所示,回灌水源的总 Fe 浓度为 0.032 mg/L,原生地下水中总 Fe 浓度为 0.03 mg/L,两者浓度值较接近。无胶体条件下试验进行到 170 min,原生地下水中总 Fe 浓度增加至 0.062 mg/L,总 Fe 含量明显增加且高于回灌水源中的总 Fe 含量,表明该过程中有 Fe 矿物的溶出。这是由于地下水中氧化还原条件的变化即 DO 含量增加,氧化环境下易于发生矿物的溶出,导致含水层介质中的黄铁矿(FeS$_2$)被氧化,使得地下水中总 Fe 浓度升高,黄铁矿(FeS$_2$)被氧化,反应式如式(6-4)所示(朱锦旗 等,2006):

$$2FeS_2 + 7O_2 + 2H_2O \rightleftharpoons 2Fe^{2+} + 4SO_4^{2-} + 4H^+ \quad (6\text{-}4)$$

通过上述反应,地下水中总 Fe 和 Fe^{2+}浓度增大,但 Fe^{2+}浓度增加量小于总 Fe,说明氧化还原电位升高使得部分 Fe^{2+}转化

成 Fe^{3+}。此外,该反应过程中形成 H^+,地下水中 pH 在回灌过程中降低且后期低于原生地下水 pH,进一步证明 FeS_2 矿物溶解作用的存在。有胶体条件下试验进行到 170 min,地下水中总 Fe 浓度下降至 0.027 mg/L,较回灌水源和原生地下水中总 Fe 浓度均降低,课题组前期研究表明 SiO_2 胶体对 Fe 具有一定的吸附能力(周晶晶,2017), Fe^{2+} 被介质表面吸附的 SiO_2 胶体所吸附使得地下水中 Fe 含量降低。

原生地下水中 Mn 浓度为 0.011 mg/L,回灌水源中 Mn 浓度为 0.004 mg/L。无胶体条件下试验进行到 170 min,地下水中 Mn 浓度下降至与回灌水源中 Mn 浓度一致,随着试验进行到 1 980 min,Mn 浓度增大至 0.008 mg/L;有胶体条件下试验进行到 170 min,地下水中 Mn 浓度下降至 0.002 mg/L,随着试验进行到 1 980 min,Mn 浓度增大至 0.006 mg/L。回灌水源中加入 SiO_2 胶体后,Mn 浓度变化规律与 Fe 相同,即浓度下降且低于回灌水源,姜友秀(2013)研究表明胶体对 Mn 表现出较强的饱和吸附能力,Mn 被介质表面吸附的 SiO_2 胶体所吸附使得地下水中 Mn 含量降低。

四、地下水中 $CHCl_3$ 的时空分布特征

与示踪试验监测结果一致,本次试验过程中在 J1 剖面上的 RZK-06、RZK-08 监测井,J2 剖面上的 RZK-04 监测井,J3 剖面上的 RZK-03 监测井中 $CHCl_3$ 穿透程度较高,其余监测井未检出 $CHCl_3$,因此本次研究选择 RZK-03、RZK-04、RZK-06 及 RZK-08 四个监测井分析人工回灌过程中 $CHCl_3$ 的分布特征及演化规律。

(一)回灌井 $CHCl_3$ 浓度变化特征

人工回灌试验前,原生地下水中未检出 $CHCl_3$,氯化消毒的回灌水源注入回灌井 RZK-07 过程中,地下水中 $CHCl_3$ 和 TOC 的浓度随时间变化曲线如图 6-20 所示。

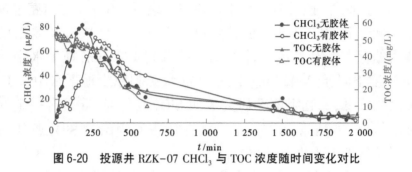

图 6-20　投源井 RZK-07 CHCl₃ 与 TOC 浓度随时间变化对比

从图 6-20 中可以看出,有胶体、无胶体条件下,随着回灌水源的注入,回灌井 RZK-07 有 CHCl₃ 检出并逐渐增大至最大值,后呈下降趋势,表明回灌水源注入后伴随着 CHCl₃ 的形成过程。根据示踪试验中投源井 RZK-07 中示踪剂浓度变化分析可知,回灌试验过程中的 0~370 min,Cl⁻ 浓度达到峰值后无明显变化,这是由于受人工回灌试验过程中取样设备及井结构的影响,前 170 min 有回灌水源的注入使得取得的 RZK-07 井中上层水为回灌水源,取样测试的上层水与地下水未发生混合且未与含水层介质相互作用,在有胶体、无胶体条件下 RZK-07 井分别在第 180 min 和第 270 min 达到 CHCl₃ 峰值浓度,因此投源井 RZK-07 分别在 0~180 min(无胶体)和 0~270 min(有胶体)监测到的 CHCl₃ 浓度变化主要为 CHCl₃ 形成作用,表明形成过程不是瞬时完成的。无胶体、有胶体条件下,试验中 RZK-07 井的 CHCl₃ 峰值浓度分别为 81.742 μg/L 和 71.326 μg/L,回灌水源加入 SiO₂ 胶体后,有胶体条件下达到浓度峰值时间延迟,且 CHCl₃ 峰值浓度降低 10.416 μg/L,回灌井 RZK-07 中 CHCl₃ 浓度差异主要受形成作用的影响,胶体的加入抑制了 CHCl₃ 在回灌过程中的形成作用。此外,CHCl₃ 浓度与示踪试验示踪剂浓度变化对比分析,无胶体、有胶体条件下 CHCl₃ 浓度分别在第 180 min 和第 270 min 后明显下降,表明 CHCl₃ 的浓度降低主要受吸附和降解作用影响;370 min 后 Cl⁻ 浓度值明显下降,监测到的 CHCl₃ 浓度变化除吸附和生物降解外,还包括混合作用,投源井 RZK-07 中的 CHCl₃ 浓度可视为回灌水源中 CHCl₃ 初始浓度。

由于回灌水源 TOC 浓度明显高于原生地下水 TOC 浓度,回灌初期投源井 RZK-07 中地下水 TOC 值与回灌水源 TOC 值接近,TOC 值在 0～240 min 缓慢下降,说明回灌水源注入后 CHCl₃ 的形成消耗部分前体物,有胶体存在条件下 TOC 值高于无胶体条件,表明胶体存在使得形成作用受到抑制,前体物消耗速率下降,且 TOC 值下降程度表明除 CHCl₃ 外还有其他 DBPs 的形成;随着试验的进行,有机物随水流在含水层中迁移,TOC 值明显降低,此时胶体存在条件下的 TOC 值低于无胶体条件,表明胶体促进了部分有机物的迁移能力。

(二) 监测井地下水 CHCl₃ 浓度随时间变化特征

分析人工回灌过程中 CHCl₃ 浓度随时间变化特征,有胶体、无胶体条件下投源井与各监测井 CHCl₃ 浓度、TOC 浓度随时间变化曲线如图 6-21、图 6-22 所示。

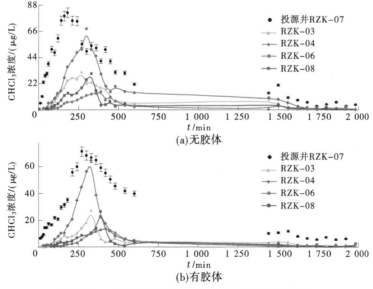

图 6-21　各监测井中 CHCl₃ 浓度随时间变化曲线

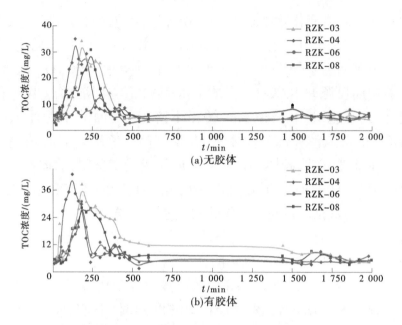

图 6-22　各监测井中 TOC 浓度随时间变化曲线

从图 6-21 可以看出,各监测井中 $CHCl_3$ 浓度随时间变化趋势大体一致,均呈先上升后逐渐下降的趋势,但检出时刻及峰值浓度均有所不同。在无胶体条件下,地下水流方向上的 RZK-04 监测井自人工回灌试验开始后第 30 min 开始检出 $CHCl_3$ 并大幅度增加,至第 300 min 达到浓度峰值 68.47 μg/L,较 RZK-07 降低 13.27 μg/L;其次是垂直于河道方向的 RZK-03 监测井,第 50 min 开始检出 $CHCl_3$,第 330 min 达到浓度峰值为 31.72 μg/L,较 RZK-07 降低 40.02 μg/L;平行于河道方向的 RZK-08 和 RZK-06 监测井在第 300 min 和第 390 min 达到 $CHCl_3$ 峰值浓度,低至 30.26 μg/L 和 18.11 μg/L,仅约为 RZK-04 监测井峰值浓度的 1/3。通过与示踪试验中示踪剂穿透时间比较计算出 RZK-03、RZK-04、RZK-06、RZK-08 监测井的水化学迁移速率 E 分别为 0.58、0.68、0.53、0.57。

有胶体条件下,RZK-04 监测井中 $CHCl_3$ 浓度自试验开始后第 40 min 开始检出,至第 330 min 时地下水中 $CHCl_3$ 浓度达到最大值 64.79 μg/L,较回灌水源降低 17.57 μg/L;RZK-03 监测井在第 50 min 开始检出 $CHCl_3$,随后浓度逐渐增大,至 330 min 达到浓度峰值 27.34 μg/L,较回灌水源降低 44.02 μg/L;平行于河道方向的 RZK-08 和 RZK-06 监测井分别在第 390 min 和第 420 min 达到浓度峰值 26.873 μg/L 和 14.027 μg/L。经计算,水化学迁移速率 E 分别为 0.53、0.62、0.49、0.49,较无胶体条件下各监测井的 E 值均下降,表明 SiO_2 胶体的加入对各方向上 $CHCl_3$ 的迁移均有不同程度的抑制作用。相同初始有效氯浓度条件下,整体上胶体效应影响抑制了 $CHCl_3$ 在含水层介质中的迁移,主要是由于 SiO_2 胶体存在条件下,其自身特殊的理化性质,$CHCl_3$ 受 SiO_2 胶体较大的比表面积影响吸附于 SiO_2 胶体表面,而在含水层系统中,SiO_2 易于被含水层介质吸附,被含水层吸附的 SiO_2 胶体可以吸附更多的 $CHCl_3$,进而使得 $CHCl_3$ 在地下水中的迁移能力下降。但是,RZK-04 监测井中 $CHCl_3$ 峰值浓度仅下降了 13.68 μg/L,峰值浓度占回灌水源的比例降低 10.41%。一方面是由于该过程还包括 $CHCl_3$ 的生成作用,胶体存在条件下 $CHCl_3$ 初始浓度降低;另一方面,虽然相同反应时间条件下,受胶体效应影响 $CHCl_3$ 生成量降低,但反应物在地下水中的滞留时间增加,使得含水层介质对 $CHCl_3$ 的吸附和生物降解作用增强,导致峰值浓度占回灌水源的比例较无胶体条件有所减少,说明胶体效应影响下迁移速率减小,反应时间的影响占主导作用。

无胶体、有胶体条件下,RZK-04 监测井中 TOC 浓度分别在第 60 min 和第 50 min 后开始上升,表明存在部分有机物参与 $CHCl_3$ 的形成作用,在第 140 min 和第 120 min 达到浓度峰值,分别为 35.14 mg/L 和 42.85 mg/L,胶体的存在使得有机物的迁移速率和浓度峰值降低。通过 TDS 混合比计算在仅考虑混合作用条件下 TOC 的浓度应为 30.17 mg/L 和 44.06 mg/L,经对比 TOC 净增量为 4.97 mg/L 和 -1.21 mg/L,无胶体条件下其中一部分作为前体物参与 $CHCl_3$ 的生成,而有胶体条件下促进了有机物的迁移。

由于在人工回灌条件下 $CHCl_3$ 的迁移转化过程伴随着二次形成作用,因此其初始浓度是随时间变化的,为了进一步分析其迁移机制,利用试验初期(0~370 min)回灌井中 $CHCl_3$ 浓度近似作为初始浓度,通过各时刻监测井中 $CHCl_3$ 浓度(C_t)与回灌井中 $CHCl_3$ 浓度(C_0)的比值绘制穿透曲线(见图 6-23),利用穿透曲线计算阻滞系数 R_f,如表 6-3 所示。

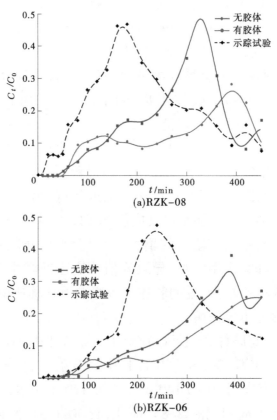

图 6-23　各监测井 $CHCl_3$ 穿透曲线

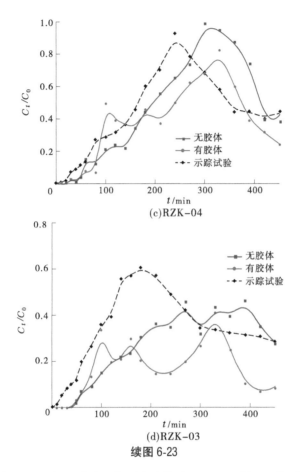

(c)RZK-04

(d)RZK-03

续图6-23

从图 6-23 可以看出,各监测井中 CHCl₃ 的迁移速率均低于示踪剂的迁移速率,说明 CHCl₃ 在地下水中的迁移存在明显的滞后效应。无胶体条件下,各监测井中 CHCl₃ 的阻滞系数 R_f 分别为 1.50、1.46、1.63、1.50,自然衰减速率常数 k 分别为 $2.66×10^{-3}$ d^{-1}、$2.06×10^{-4}$ d^{-1}、$2.48×10^{-3}$ d^{-1} 和 $1.81×10^{-3}$ d^{-1};有胶体条件下,各监测井 CHCl₃ 的阻滞系数 R_f 分别为 1.83、1.61、1.75、2.17,自然衰减速率常数 k 分别为 $2.70×10^{-3}$ d^{-1}、$6.01×10^{-3}$ d^{-1}、$3.30×10^{-4}$ d^{-1} 和 $3.26×10^{-3}$ d^{-1}。由于 CHCl₃ 在地下水中的迁移转化受弥散、吸附、生物降解等作用的影响,相对于示踪剂 CHCl₃ 的迁移能力降低,在考虑形成作用随时间变化的影

表 6-3　人工回灌试验参数计算结果汇总表

井号	胶体浓度/(mg/L)	t_m/min	Peak C/(μg/L)	Peak C/C_0	t_{peak}	E	R_f	k/d^{-1}	$t_{1/2}$/d	k_d/(cm³/g)	k_{oc}/(cm³/g)	λ/d^{-1}	λ/k
RZK-03	0	300	41.72	0.45	270	0.58	1.50	2.66×10^{-3}	1.81×10^{-1}	1.54×10^{-1}	38.6	8.64×10^{-4}	3.25×10^{-1}
	10	330	27.34	0.41	330	0.53	1.83	2.70×10^{-3}	1.78×10^{-1}	2.56×10^{-1}	64.0	7.97×10^{-4}	2.95×10^{-1}
RZK-04	0	300	68.47	0.94	300	0.68	1.46	2.06×10^{-4}	2.33×10^{0}	1.42×10^{-1}	35.5	8.72×10^{-5}	4.23×10^{-1}
	10	330	54.79	0.82	330	0.62	1.61	6.01×10^{-4}	8.00×10^{-1}	1.88×10^{-1}	47.1	2.31×10^{-4}	3.84×10^{-1}
RZK-06	0	390	18.11	0.38	390	0.53	1.63	2.48×10^{-3}	1.94×10^{-1}	1.94×10^{-1}	48.6	7.31×10^{-4}	2.95×10^{-1}
	10	420	14.03	0.25	420	0.49	1.75	3.30×10^{-3}	1.46×10^{-1}	2.31×10^{-1}	57.9	9.04×10^{-4}	2.74×10^{-1}
RZK-08	0	330	30.26	0.55	270	0.57	1.50	1.81×10^{-3}	2.66×10^{-1}	1.54×10^{-1}	38.6	5.88×10^{-4}	3.25×10^{-1}
	10	390	26.87	0.28	390	0.49	2.17	3.26×10^{-3}	1.47×10^{-1}	3.61×10^{-1}	90.3	8.98×10^{-4}	2.75×10^{-1}

响下,胶体的存在使 $CHCl_3$ 的 R_f 及 k 值增大。

有胶体存在条件下除 RZK-04 外,各监测井达到浓度峰值的时间均明显增加,平行于河道方向的 RZK-06 和 RZK-08 监测井的迁移速率分别由 11.08 m/d 下降到 10.29 m/d、由 16.00 m/d 下降到 11.08 m/d,垂直于河道方向 $CHCl_3$ 达到浓度峰值的时间延长 60 min,迁移速率由 16.00 m/d 降低到 13.09 m/d;经两组试验数据进行对比发现,不同方向上监测井中 $CHCl_3$ 检出时间相近,但水化学迁移速率和自然衰减速率常数不同,主要受不同方向弥散系数的差异影响。说明随着人工回灌试验的进行,受水力梯度的影响,迁移速率差异引起其在地下水中的滞留时间不同,进而影响吸附和生物降解作用,导致 $CHCl_3$ 在空间上的分布差异。

(三)监测井地下水 $CHCl_3$ 空间变化特征

$CHCl_3$ 的迁移过程受地下水流影响,各监测井在回灌井的不同方向导致 $CHCl_3$ 的迁移速率及浓度存在一定的差异。因此,为进一步分析人工回灌过程中 $CHCl_3$ 的空间变化特征,本次研究以回灌井 RZK-07 为中心,选择位于不同方向的监测井 RZK-03、RZK-04、RZK-06、RZK-08 为研究对象,利用各监测井地下水分别在第 50 min、第 100 min、第 170 min、第 300 min、第 450 min 和第 1 500 min 的 $CHCl_3$ 浓度绘制等值线图(见图 6-24)。

根据图 6-24(a)所示,在试验过程中回灌井中 $CHCl_3$ 的浓度在 0~170 min 逐渐增大至 81.74 μg/L,第 300 min 时 $CHCl_3$ 的浓度下降到 40.86 μg/L,至第 1 500 min 时下降至 3.52 μg/L,各监测井也伴随着 $CHCl_3$ 浓度逐渐增大至峰值后下降的趋势,说明该过程中伴随着 $CHCl_3$ 的形成及随地下水迁移转化过程。其中试验进行到第 50 min 时,回灌井中形成的 $CHCl_3$ 浓度为 30.25 μg/L,且随着地下水流迁移,沿地下水流方向的最大迁移距离为 5.87 m,垂直于河道方向和平行于河道方向的最大迁移距离分别为 4.55 m 和 3.18 m;在试验进行到第 170 min 时,即

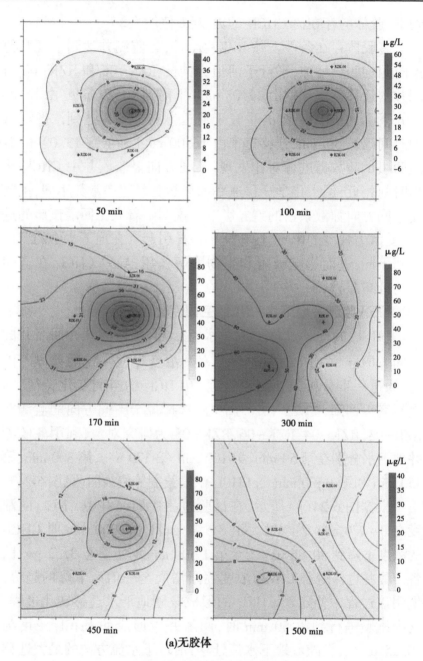

(a)无胶体

图 6-24　CHCl₃ 浓度的等值线图

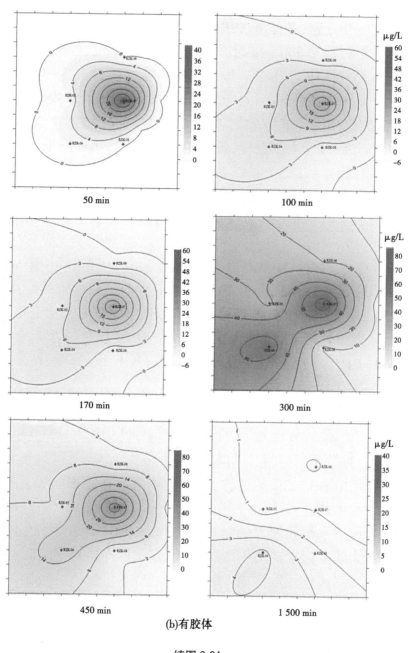

50 min

100 min

170 min

300 min

450 min

1 500 min

(b)有胶体

续图 6-24

回灌水源停止注入时刻，随着回灌井中 $CHCl_3$ 浓度的增大并向下游进一步迁移，各监测井中 $CHCl_3$ 浓度增大，影响范围扩大；当试验进行到第 300 min 时，形成作用影响减弱，主要受迁移转化作用影响，$CHCl_3$ 在地下水中进一步迁移使得 RZK-04 监测井地下水中浓度超过《生活饮用水卫生标准》（GB 5749—2006）规定的浓度限值；试验分别进行到第 450 min 和第 1 500 min 时，$CHCl_3$ 继续向下游迁移，各监测井中 $CHCl_3$ 浓度降低。

在有胶体条件下[见图 6-24(b)]，不同时刻 RZK-07 监测井地下水中 $CHCl_3$ 浓度较无胶体条件下降低，即胶体存在条件下回灌水源中 $CHCl_3$ 生成量降低，这与前文形成试验得出的结论一致，因此各监测井不同时刻 $CHCl_3$ 浓度均低于无胶体条件下的 $CHCl_3$ 浓度。在试验进行到第 50 min 时，回灌井中形成的 $CHCl_3$ 浓度为 14.42 μg/L，沿地下水流方向的最大迁移距离为 5.77 m，各方向 $CHCl_3$ 的迁移距离及浓度与无胶体条件下相近；当试验进行到第 100 min 及第 170 min 时，受胶体作用影响，各监测井 $CHCl_3$ 的迁移速率及峰值浓度均低于无胶体条件。

五、地下水中 $CHCl_3$ 迁移转化影响因素定量分析

人工回灌过程中地下水流场特征控制 $CHCl_3$ 迁移的方向和流速，弥散作用控制其不同方向上的扩散程度，而吸附和生物降解作用阻碍 $CHCl_3$ 的迁移，其中生物降解作用影响着 $CHCl_3$ 在地下水中的迁移转化归宿。人工回灌过程中地下水不是简单的原生地下水与回灌水的物理混合作用，$CHCl_3$ 在地下水中的环境行为除受到水动力作用外，还受含水层介质对 $CHCl_3$ 的吸附和生物降解作用的影响（Wu et al.，2016），胶体效应影响下 $CHCl_3$ 迁移转化影响因素定量研究为科学评价 $CHCl_3$ 迁移转化过程及归宿提供一定的理论依据。

（一）胶体效应影响下 $CHCl_3$ 的吸附影响定量分析

人工回灌试验过程中，与示踪剂 Cl^- 相对，经计算仅受水动

力作用下 $CHCl_3$ 的迁移速率 v_x 大于 $CHCl_3$ 在地下水中的真实迁移速率,表明 $CHCl_3$ 自回灌井至监测井的迁移作用因其他因素影响受到一定程度的阻滞。人工回灌过程中,由于含水层介质中有机质的存在,在地下水回灌系统中含水层介质吸附一定量的 $CHCl_3$,吸附作用是 $CHCl_3$ 赋存于含水层介质中的主要机制之一,影响其在含水层中迁移转化行为的关键过程。各监测井在有胶体、无胶体条件下 $CHCl_3$ 的吸附速率常数如图 6-25 所示。

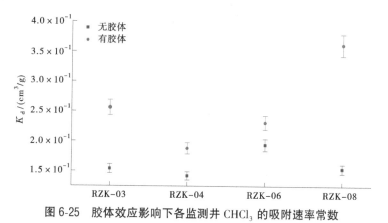

图 6-25　胶体效应影响下各监测井 $CHCl_3$ 的吸附速率常数

无 胶 体 条 件 下, 监测井 RZK - 03、RZK - 04、RZK - 06、RZK-08 的吸附速率常数 K_d 分别为 1.54×10^{-1} cm^3/g、1.42×10^{-1} cm^3/g、1.94×10^{-1} cm^3/g、1.54×10^{-1} cm^3/g,各方向上含水层介质对 $CHCl_3$ 吸附水平相近,各监测井地下水中 $CHCl_3$ 浓度差异主要受水流作用影响;有胶体条件下,吸附速率常数分别为 2.56×10^{-1} cm^3/g、1.88×10^{-1} cm^3/g、2.31×10^{-1} cm^3/g、3.61×10^{-1} cm^3/g。对比发现当回灌水源中加入 SiO_2 胶体,各监测井的吸附速率常数 K_d 均增大,表明加入 SiO_2 胶体后吸附作用增强。吸附速率常数 K_d 主要受温度和介质特征的影响,由于回灌水源中的 SiO_2 胶体吸附于含水层介质表面,使得除含水层介质吸附 $CHCl_3$ 外,被介质吸附的 SiO_2 胶体吸附 $CHCl_3$,增加了有效吸附

点位,使得更多的 $CHCl_3$ 被吸附于含水层介质中。此外,RZK-08 和 RZK-03 监测井的吸附速率常数增加幅度较大,即胶体的存在可以有效降低非地下水主要流向上的污染物迁移能力。

已有研究表明,有机化合物的吸附过程在较宽浓度范围内遵循线性吸附,线性吸附系数与含水层介质有机质含量有关,吸附量受有机质含量和有机化合物的有机碳吸附系数 K_{oc} 影响,K_{oc} 越小,$CHCl_3$ 在地下水中的迁移能力越强(Tracy,1996)。当回灌水源被注入到地下含水层并随地下水在含水层中运移时,$CHCl_3$ 将被吸附于含水层介质上直至达到吸附平衡,平衡状态由 $CHCl_3$ 与含水层介质间的有机碳吸附系数 K_{oc} 决定。经计算,无胶体条件下的有机碳吸附系数 K_{oc} 在监测井 RZK-03、RZK-04、RZK-06、RZK-08 分别为 38. 6 cm^3/g、35. 5 cm^3/g、48. 6 cm^3/g 和 38. 6 cm^3/g,低于已有研究成果的 58. 88 cm^3/g(NRMMC et al. , 2009),这是由于本书计算的吸附速率常数 K_d 和有机碳吸附系数 K_{oc} 是通过穿透曲线确定的阻滞系数求得的,而引起 $CHCl_3$ 在地下水中迁移能力降低除吸附作用外,还有形成作用的影响;当回灌水源加入 SiO_2 胶体后,有机碳吸附系数 K_{oc} 分别为 64. 0 cm^3/g、47. 1 cm^3/g、57. 9 cm^3/g 和 90. 3 cm^3/g,SiO_2 胶体的存在使得有机碳吸附系数 K_{oc} 明显增大,这是由于 SiO_2 胶体吸附于含水层介质表面,由原含水层介质-$CHCl_3$ 吸附系统改为含水层介质-SiO_2 胶体-$CHCl_3$ 吸附系统,对 $CHCl_3$ 的吸附能力增强。

(二) 胶体效应影响下 $CHCl_3$ 的生物降解影响定量分析

吸附过程使得 $CHCl_3$ 的迁移能力受到一定程度的阻滞,假设 $CHCl_3$ 迁移的阻滞仅受吸附作用影响,经计算考虑吸附阻滞作用条件下其在地下水中的迁移速率 v_R 均大于其实际迁移速率,说明除吸附作用外,生物降解作用是 $CHCl_3$ 在地下水中转化的又一关键影响因素。

1.胶体效应影响下的生物降解作用

国内外学者研究表明, $CHCl_3$ 在有氧条件下是保守的, 不易发生生物降解过程(卢杰 等, 2010)。但近年来有研究表明, $CHCl_3$ 作为难降解有机氯溶剂, 以共代谢形式被微生物降解, 降解过程中单环芳烃(BTEX)和溶解性有机碳(DOC)等第一基质和其他电子受体消耗(郑昭贤 等, 2012)。回灌水源与地下水混合后, 氧气含量增加, 好氧新陈代谢存在。 $CHCl_3$ 的生物降解速率是评价生物降解能力的关键, 因此应用生物降解速率常数定量评价有胶体、无胶体条件下 $CHCl_3$ 的生物降解作用。各监测井 $CHCl_3$ 生物降解速率常数如图 6-26 所示。

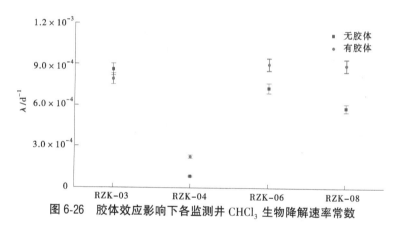

图 6-26　胶体效应影响下各监测井 $CHCl_3$ 生物降解速率常数

在无胶体条件下, RZK-03、RZK-04、RZK-06、RZK-08 监测井中 $CHCl_3$ 的生物降解速率常数 λ 分别为 8.64×10^{-4} d^{-1}、8.72×10^{-5} d^{-1}、7.31×10^{-4} d^{-1}、5.88×10^{-4} d^{-1}, 通过将生物降解速率常数与自然衰减速率常数对比发现, 生物降解速率常数分别占自然衰减速率常数的 32.5%、42.3%、29.5% 和 32.5%; 在有胶体条件下, 生物降解速率常数分别为 7.97×10^{-4} d^{-1}、2.31×10^{-4} d^{-1}、9.04×10^{-4} d^{-1}、8.98×10^{-4} d^{-1}, 生物降解作用的影响水平占自然衰减能力的 29.5%、38.4%、27.4% 和 27.5%, 除 RZK-03 监测井外, 其他三个监测井 $CHCl_3$ 的生物降解速率均

增大。生物降解作用是 $CHCl_3$ 迁移转化过程中的主要影响因素,胶体–微生物–$CHCl_3$ 体系与微生物–$CHCl_3$ 体系相比,$CHCl_3$ 的生物降解速率增大,主要影响 $CHCl_3$ 降解的快速降解阶段,增大微生物的降解速率,但生物降解作用的影响水平较自然衰减总程度有所下降(见图 6-27),说明有胶体条件下虽然 $CHCl_3$ 的生物降解速率增强,但生物降解作用的影响水平仍小于吸附作用。此外,$CHCl_3$ 在地下水中的滞留作用导致生物降解反应时间延长,有利于生物降解作用的发生。

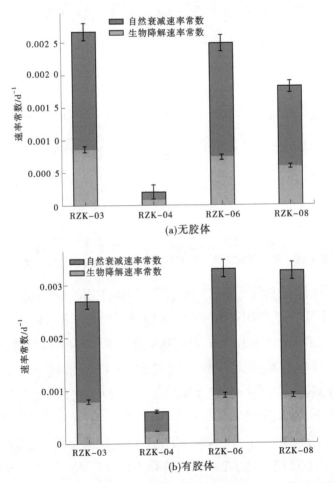

图 6-27　无胶体、有胶体条件下生物降解速率常数与自然衰减速率常数对比

$CHCl_3$ 生物降解过程的关键是脱氯作用,水环境系统中分布着脱氯菌群参与降解过程(Ahn et al.,2003)。Wu 等(2016)研究表明,$CHCl_3$ 的降解作用是氨氧化细菌(ammonia oxidizing bacteria)、硝化单胞菌(nitraosomonas europaea)有氧代谢作用的结果。其他研究也表明,在氧化条件下,$CHCl_3$ 可被多种氧合酶表达菌氧化,包括利用甲烷(Alvarezcohen et al.,1992)、甲苯(Mcclay et al.,1996)、苯酚(Segar,1994)、丁烷(Kim et al.,1997)和氨(Vannelli et al.,1990)作为能源或碳源。根据环境中存在的电子受体的不同,脱氯过程分为好氧氧化(羟基化作用、环氧化作用)和厌氧还原两大途径(孙文杰 等,2003)。$CHCl_3$ 通过共代谢降解过程,生长基质作为电子供体,地下水系统中的 O_2、硝酸盐、硫酸盐等作为电子受体,电子供体与电子受体间的丰度关系是影响生物降解速率的主要因素,生长基质通过氧化还原反应被降解(何江涛 等,2004)。首先,降解过程是 $CHCl_3$ 作为电子受体使氯原子被氢原子代替的过程,其降解机制主要有水解作用、亲核反应、加氢分解、二卤消去作用、耦合反应、脱卤化氢、氧化还原作用等。在好氧条件下,氧化性较弱的 $CHCl_3$ 在微生物促成的氧化还原反应中充当主要培养基,微生物从 $CHCl_3$ 的降解中获得能量和有机碳。

2. 胶体效应影响下 $CHCl_3$ 生物降解作用影响因素研究

由于人工回灌过程中地下水环境发生变化,而地下水环境对 $CHCl_3$ 的微生物降解作用存在不同程度的影响,其中部分指标变化受生物降解作用的影响,钟佐燊(2001)研究认为,在石油烃污染的地下含水层中,如果发生了生物降解作用,则 NO_3^-、SO_4^{2-} 明显降低,Fe^{2+} 和 HCO_3^- 升高,出现 HS^-、H_2S 和 CH_4 等降解产物。因此,对胶体效应影响下地下水环境对 $CHCl_3$ 的生物降解作用的响应进行分析。

1)氧化还原环境

氧化还原条件的变化通过控制微生物活性影响地下水中

CHCl$_3$ 的生物降解作用,RZK-04 监测井地下水中 CHCl$_3$ 浓度和 DO 浓度随时间变化关系曲线如图 6-28 所示。

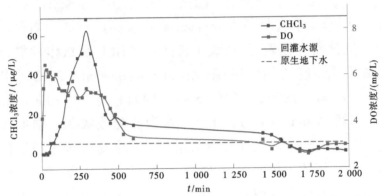

图 6-28　监测井 RZK-04 中 CHCl$_3$ 浓度和 DO 浓度随时间变化关系曲线

由图 6-28 可以看出,当监测井中有 CHCl$_3$ 检出时,DO 浓度开始下降,表明在回灌过程中发生氧化还原反应,DO 被生物降解作用消耗,说明该过程中 CHCl$_3$ 及其他 DBPs 发生生物降解作用;已有研究表明 CHCl$_3$ 在有氧条件下不易降解(Pavelic et al.,2005;Thomas et al.,2010),但有研究发现,当存在需氧菌和合适的底物浓度条件下,氧化环境中仍可发生生物降解作用。许多研究表明,氯代溶剂可被广泛的氧合酶表达菌氧化,包括那些利用氨作为能源的碳源的细菌。

2)pH

CHCl$_3$ 发生生物降解作用的产物为 H$^+$ 和 CO$_2$,使得地下水 pH 降低。此外,CO$_2$ 溶于水促进水岩作用,增大地下水中 HCO$_3^-$ 含量。pH 通过影响微生物细胞膜的电荷变化进而影响微生物活性,从而影响微生物对 CHCl$_3$ 的降解作用。在回灌过程中存在反硝化微生物降解作用,导致微生物降解产物 OH$^-$ 浓度增加,从而试验结束时 pH 高于原生地下水。

3)NO$_3^-$

NO$_3^-$ 在试验过程中的净增量为正,但在试验后期净增量分

别为 -8.12 和 -12.57，NO_3^- 相对于 Cl^- 的浓度变化作为判定指标反映出存在生物降解过程。微生物利用硝酸盐作为电子受体进行生物降解反应，CHCl₃ 同时发生共代谢降解（何江涛 等，2005）。

六、地下水中 CHCl₃ 生物降解作用的微生物响应规律

(一) 微生物群落结构特征

基于 16S rRNA 基因，通过 Illumina MiSeq 平台对微生物群落 DNA 片段进行双端测序，试验流程为微生物组总 DNA 提取—目标片段 PCR 扩增—扩增产物回收纯化—扩增产物荧光定量—测序文库制备—上机进行高通量测序，总测序量为 1 753 514 reads，序列平均长度为 424 nt，实际测得样品的碱基序列如表 6-4 所示。

表 6-4　微生物样品测序结果

样本名	测序量	碱基序列
T1	66 832	AGAGTGCGTACTCCTACGGGAGGCAGCAGTGGGGGATAT TGCACAATGGGCGCAAGCCTGATGCAGCGACGCCGCGTG ATGAGAAGAAGGCCTTCGGCTTGTAAAGCACTTTTGTCCG GAAAGAAATCCTTTCGATTAATACTCGGGAGGGAGCTCGG TACCGGAAGAATAAGAACCGGCTAACTTCGTGCCAGCAGC CGCGGTAATAAGAAGGGTGCAAGCGTTACTCGTAATTACT GGGCGTAAAGC
T2	116 044	AGAGCTACGGACTCCTACGGGAGGCAGCAGTGGGGAATT TTGGACAATGGGCGCAAGCCTGATCCAGCCATGCCGCGT GTGAAGAAGGCCTTTTGGTTGTAAAGCACTTTAAGCGAGG AGGAGGCTACTTGGATTAATACTCTAGGATAGTGGACGTT ACTCGCAGAATAAGCACCGGCTAACTCTGTGCCAGCAGC CGCGGTAATACAGAGGGTGCGAGCGTTAATCGGATTTAC TGGGCGTAATGCG

续表 6-4

样本名	测序量	碱基序列
T3	67 877	AGTACAGACTCCTACGGGAGGCAGCAGTGGGGAATATTG GACAATGGGCGCAAGCCTGATCCAGCCATGCCGCGTGAG TGATGAAGGCCCTAGGGTTGTAAAGCTCTTTCACCGGTGA AGATAATGACGGTAACCGGAGAAGAAGCCCCGGCGTACA TCGTGCCAGCAGCCGCGGTAATACGAAGGGGGCTAGCGT TGTTCGGATTTACTGGGCGTAGTGCGCTGGTAGGCGGAGT TTTAAGTCTGGGG
D1	71 190	ACTCAAGCGGACTCCTACGGGAGGCAGCAGTGGGGAATAT TGGACAATGGGCGCAAGCCTGATCCAGCCATGCCGCGTGC AGGATGACGGTCCTATGGATAGTAAACTGCTTTTGTACAGG AAGAAACACTGGTTCGTGAACCAGCTTGACGGTACTGTAAG AATAAGGATCGGCTAACTCCGTGCCAGCAGCCGCGGTAATA CGGAGGATCCAAGCGTTATCCGGAATCATTGCGTTTAAAGG GTCCG
H1	71 954	ACTGTTGACTCCTACGGGAGGCAGCAGTGGGGAATATTGGA CAATGGGCGCAAGCCTGATCCAGCCATGCCGCGTGAGTTGT GAAGAAGGCCTTCGGGTTGTAAAGCACTTTTGGCCGGAAAG AAATCCTTTCGATTAATACTCGGGAGGGATGACGGTACCGG AAGAATAAGCACCGGCTAACTTCGTGCCAGCAGCCGCGGAA ATACGAAGGGTGCAAGCGTAACTCGAAATTACTGGGCGTAA AGC
S1	72 406	ACGTTCTTACTCCTACGGGAGGCAGCAGTGGGGAATTTTGG ACAATGGGCGCAAGCCTGATCCAGCCATGCCGCGTGTCGA AGAAGGCCTTTTGGTTGTAAAGCACTTTAAGCGAGGAGGAG GCTACTTTGATTAATACTCTAGGATAGTGGACCTTACTCGCA GAATAAGCACCGGCTAACTCTGTGCCAGCAGCCGCGGTAAT ACAGAGGGTGCGAGCGTTAAACGGATTTACTGGGCGTAAAG CGT

续表6-4

样本名	测序量	碱基序列
Z1	70 091	ACGTCTCGTACTCCTACGGGAGGCAGCAGTGAGGAATATTG GTCAATGGACGGAAGTCTGAACCAGCCAAGTAGCGTGCGG GATGACGGCCTTCGGGTTGTAAACCTCTTTCAGCAGGGACG AAGCGAAAGTGACGGTACCTGCAGAAGAAGCACCGGCCAAC TACGTGCCAGCAGCCGCGGTAATACGTAGGGTGCAAGCGTT GTCCGGAATTACTGGGCGTAATGAGCTCGTAGGCGGTTTGTC ACG
Z2	68 756	AGAAGTCCGGACTCCTACGGGAGGCAGCAGTGGGGAATTTT GGACAATGGGCGCAAGCCTGATCCAGCCATGCCGCGTGGAA GAAGGCCTTTTGGTTGTAAAGCACTTTAAGCGAGGAGGAGG CTACCGAGATTAATACTCTTGGATAGTGGACGTTACTCGCAG AATAAGCACCGGCTAACTCTGTGCCAGCAGCCGCGGTAATAC AGAGGGTGCGAGCGTTAATCGGATTTACTGGGCGTAAAGCGT
Z3	65 642	AGATCACACTCCTACGGGAGGCAGCAGTAGGGAATCTTCCG CAATGGACGCAAGTCTGAAGGAGCAACGCCGCGTGAGTGTG ATGAAGGTTTTCGGATCGAAAAGCTCTGTCAGAGGTGAAGAA ACAGCCGGGTGATAATAACGCCTGGGCTTGACGGTACCCTCA AAGGAAGCACCGGCTAACTCCGTCCCAGCAGCCGCGGTAAT ACGGAGGGTGCAAGCGTTGTTCGGAATTATTGGGCGTTAAGC
Z4	74 777	AGACATGTACTCCTACGGGAGGCAGCAGTGGGGAATCTTG CGCAATGGGCGAAAGCCTGACGCAGCCATGCCGCGTGAAG GGATGACGGCCTTCGGGTTGTAAACCTCTTTCAGCAGGGA CGAAGCGCAAGTGACGGTACCGTAAGAATAAGCACCGGCT AACTACGTGCCAGCAGCCGCGGTAATACGTAGGGTGCAAG CGTTAATCGGAATTACTGGGCGTTAAGCGTGCGCAGGCGG CCATGCACG

OTU(operational taxonomic units)为可操作分类单元,是指通过人为设定的序列相似度阈值将来自一个或多个样本的序列进行归并。本次研究以 97% 的序列相似度水平作为 OTU 划分阈值,不同单元下 OTU 数量统计结果见图 6-29。通过分析被注释到不同分类水平的微生物类群发现,回灌水源中微生物类群较地下水和土壤丰富,导致人工回灌后地下水微生物类群发生变化。

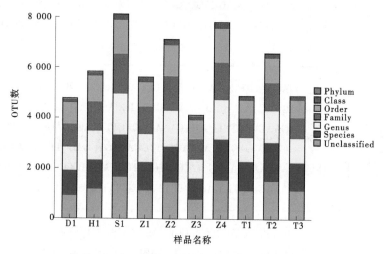

注:"Phylum""Class""Order""Family""Genus""Species"
分别为各样品中对应各样本在门、纲、目、科、属、种各分类水平的 OTU 数。

图 6-29　OTU 划分和分类地位鉴定结果统计图

根据 OTU 聚类中的代表性序列进行统计分析并绘制 Venn 图确定样本中 OTU 组成的相似程度,OTU 分布 Venn 图如图 6-30 所示。分析发现三个含水层介质采样点 T1、T2 和 T3 的微生物总 OTU 数分别为 1 152、1 534 和 1 160,其中 762 个 OTU 在 3 个样品中均出现,分别占 T1、T2 和 T3 总 OTU 数的 66.1%、49.7% 和 65.7%,相似性较高[见图 6-30(a)];试验前河水 H1、回灌水源 S1 和原生地下水 D1 中微生物总 OTU 数分别为 1 675、1 171 和 954,其中 361 个 OTU 在 3 个样品中均出现,分别占 H1、S1 和 D1 总 OTU 数的 21.6%、30.8% 和 37.8%,可见回灌水源与地下水中微生物组成差异较大,回灌水源的注入将对地下水的微生物群落结构有一定影响[见图 6-30(b)]。

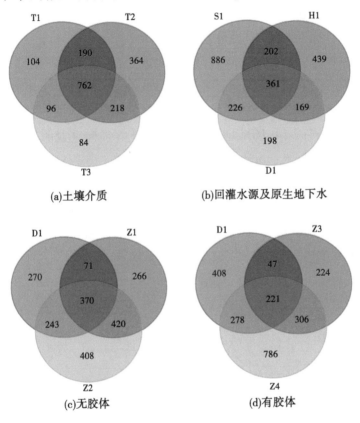

(a)土壤介质 (b)回灌水源及原生地下水

(c)无胶体 (d)有胶体

图 6-30 各样本 OTU 分布 Venn 图

人工回灌试验过程中,无胶体条件下的回灌试验前(D1)、中(Z1)、后(Z2)的 OTU 数分别为 954、1 127 和 1 441,其中 370 个 OTU 数在 3 个样品中均出现,分别占 D1、Z1 和 Z2 总 OTU 数的 38.8%、32.8% 和 25.7%,表明随着回灌试验的进行,地下水的微生物组成与原生地下水差异性增大[见图 6-30(c)]。同样地,回灌水源中加入 10 mg/L 的 SiO₂ 胶体后,试验前(D1)、中(Z3)、后(Z4)的 OTU 数分别为 954、798 和 1 591,其中 221 个 OTU 数在 3 个样品中均出现,分别占 D1、Z3 和 Z4 总 OTU 数的

地下水中 DBPs 的形成、迁移和转化

23.2%、27.7%和13.9%,表明回灌水源中添加胶体后,地下水的微生物组成与原生地下水差异性增大,且高于无胶体条件[见图 6-30(d)]。

(二)微生物多样性分析

微生物多样性分析可有效反映人工回灌后地下水环境中生物群落结构和功能变化特征。因此,在获得 OTU 丰度矩阵后,通过 Alpha 多样性分析确定每个样本群落的多样性,进而评价人工回灌过程中回灌场地地下水微生物群落多样性及其演化趋势。

1. 稀疏曲线(rarefaction curve)

为了检验每个样本的当前测序深度能否满足反映该微生物群落样本所包含的微生物多样性,从每个样本中随机抽取一定数量的序列,以测序数据量为横坐标,该数据量所代表的 OTU 数为纵坐标绘制稀疏曲线,如图 6-31 所示。

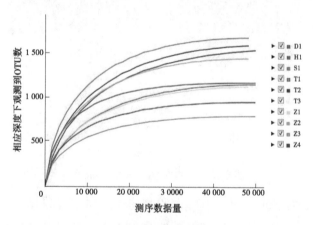

图 6-31　稀疏曲线

本次试验各样本的序列数在各稀疏曲线的水平区段,继续增大序列数只能生成少量的 OTU,因此本次测样深度合理。另外,回灌试验前,在相同序列数下,回灌水源 S1 样品的 OTU 数最高,含水层介质样品 T1、T2、T3 的 OTU 数较低,原生地下水 D1 样品的 OTU 数最低,此次试验场地的微生物群落丰富度排序为回灌水源>含水层介质>原生地下水;无胶体条件下,试验

·156·

过程中地下水不同时刻样品按微生物群落丰富度排序为试验前<试验中<试验后,即随着回灌试验的进行,地下水中的微生物群落丰富度增大;有胶体条件下,试验过程中地下水不同时刻样品按微生物群落丰富度排序为试验中<试验前<试验后,表明回灌水源加入胶体后,回灌初期地下水中微生物群落丰富度下降,已有研究表明胶体对部分微生物的迁移起抑制作用(Qin et al.,2020),使得其在地下水中迁移能力降低,当停止回灌后,胶体含量降低使得地下水中微生物群落丰富度增大。

2. 人工回灌过程中微生物群落多样性及其演化趋势分析

微生物多样性指数分析(Alpha 多样性)是研究地下水微生物变化的重要手段,有效评价人工回灌过程中耦合胶体效应影响下微生物群落多样性及其演化趋势。应用较多的多样性指数包括 Chao1 指数、ACE 指数、Shannon-Wienner 指数和 Simpson 指数。其中 Chao1 指数和 ACE 指数表征微生物样本中所含 OTU 数目,侧重于体现群落丰度;Shannon-Wienner 指数和 Simpson 指数兼顾群落均匀度,表征样本微生物多样性(Chao,1984;Simpson,1949;Shannon et al.,1950)。本次研究中的样本微生物多样性指数如表 6-5 和图 6-32 所示。

表 6-5　样本微生物多样性指数

样本名	Chao1	ACE	Shannon-Wienner	Simpson
T1	1 152.01	1 153.07	5.68	0.932 581
T2	1 587.95	1 613.87	6.09	0.938 731
T3	1 160.02	1 161.36	5.60	0.927 230
D1	954.00	954.00	5.67	0.896 031
H1	1 171.00	1 171.00	7.47	0.976 506
S1	1 675.00	1 675.30	7.71	0.981 294
Z1	1 127.07	1 130.07	6.85	0.978 084
Z2	1 441.00	1 441.00	7.37	0.983 390
Z3	798.00	798.00	6.01	0.925 327
Z4	1 594.15	1 612.85	6.84	0.961 324

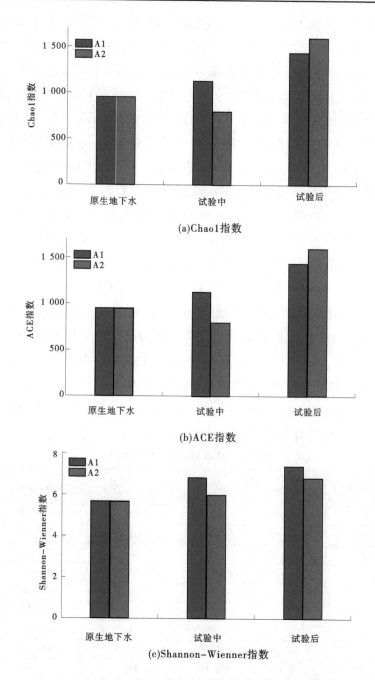

(a)Chao1指数

(b)ACE指数

(c)Shannon-Wienner指数

图 6-32　人工回灌过程中有胶体、无胶体条件下各指数演化趋势

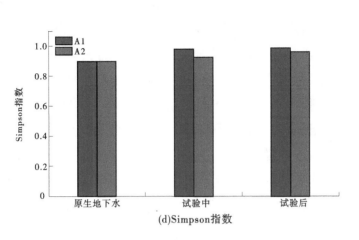

(d)Simpson指数

续图 6-32

回灌水源中的 Chao1 指数和 ACE 指数最高,分别为 1 675.00 和 1 675.30,说明回灌水源中的微生物群落具有高丰度;原生地下水中 Chao1 指数和 ACE 指数最低,均为 954.00,说明原生地下水微生物群落丰度最小。由上述多样性指数分析可知,本次试验场地在试验前的物种丰度大小为:回灌水源>含水层介质>地下水,这是因为回灌水源为地表水,受环境影响较大,溶解氧和有机质较丰富,有利于多种微生物的富集。Z1 和 Z2 号样品的 Chao1 指数和 ACE 指数高于原生地下水,分别为 1 127.07 和 1 130.07、1 441.00 和 1 441.00,表明受回灌水源的影响,地下水中的微生物丰度增大;Z3 和 Z4 号样品的 Chao1 指数和 ACE 指数先降低后增加,分别为 798.00 和 798.00、1 594.15 和 1 612.85。试验中有胶体存在条件下的指数大于无胶体条件下的指数,这一结果表明胶体存在条件下抑制了微生物的迁移能力,以及对有机质能的吸附不利于微生物的富集,上述分析结果与稀疏曲线的分析结果一致。

Shannon-Wienner 指数和 Simpson 指数兼顾了微生物群落多样性,回灌水源中的 Shannon-Wienner 指数和 Simpson 指数分别为 7.71 和 0.981 294,明显高于地下水的 5.67 和 0.896 031,表明回灌水源微生物群落多样性较高;在人工回灌试验过程中,有胶体、无胶体条件下的 Shannon-Wienner 指数和 Simpson 指数变化趋势相同,即多样性随着人工回灌试验的进行而逐渐增大。回灌初期随着回灌水源的注入而升高,即回灌过程中地下水中微生物群落结构和多样性丰富程度及优势群种在群落中的作用加强;回灌水源停止注入后,地下水样品的 Shannon-Wienner 指数和 Simpson 指数仍增大,这是因为目标含水层中的回灌水的注入使回灌目标含水层的环境生态因子(如 pH、溶解氧、水化学组分等)发生变化,即改变了原始地下水中微生物的生存环境,有利于原始地下水中微生物的生存环境,使微生物群落结构和多样性丰富程度在群落中的作用增强。有胶体、无胶体存在条件下,回灌过程中地下水微生物多样性均增加,这是由于人工回灌过程中氧化还原条件的变化,导致地下水环境中微生物种群趋于多样化。通过对比有胶体、无胶体条件下微生物多样性指数可以看出,胶体存在条件下回灌过程中地下水中微生物的丰度和多样性均低于无胶体条件,说明人工回灌过程中,胶体存在条件下微生物作用减弱。

根据各样品的 OTU 数据绘制丰度等级曲线(rank abundance curve),如图 6-33 所示,其中曲线的宽度用来表征物种的丰富度,曲线的高度表征微生物物种的均匀度。从图 6-33 可以看出,S1 样品的宽度最大,说明回灌水源中的微生物群落丰富,Z3 样品宽度最小,说明 SiO_2 胶体存在条件下回灌过程中地下水微生物丰度最低,但均匀度较高,说明胶体效应影响不利于部分微生物的富集。

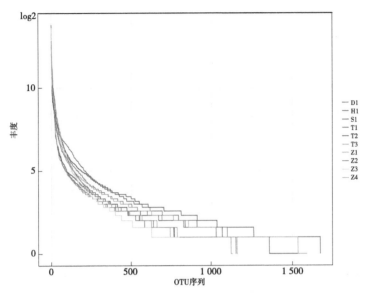

图 6-33　丰度等级曲线

第七章　人工回灌条件下 $CHCl_3$ 的环境行为预测

第一节　$CHCl_3$ 迁移转化的数值模拟

一、概念模型

结合人工回灌试验目标含水层的水文地质特征,本次研究的模拟含水层为第四系潜水含水层,该含水层岩性以第四系细砂、中粗砂为主,厚度相对均匀、稳定,下伏不透水基岩,因此本书研究将含水层介质概化为均质各向同性,且与下层不存在水力联系,地下水流符合达西定律的平面三维非稳定流(秦雨,2010)。回灌井 RZK-07 视为场地的污染源,经回灌井注入回灌水源后形成 $CHCl_3$,在对流、弥散、吸附和生物降解作用下随地下水流向下游迁移,地下水中 $CHCl_3$ 浓度由无到逐渐增大,达到浓度峰值后逐渐下降,在迁移的过程中受吸附和生物降解作用的影响,$CHCl_3$ 浓度峰值随距离的增加而逐渐降低。因此,通过将回灌场地地下水中 $CHCl_3$ 的迁移转化问题概化为 $CHCl_3$ 在含水层中的三维迁移问题,揭示 $CHCl_3$ 在地下水流方向上的时空变化特征。

二、边界条件概化

(一)垂向边界条件

模拟区上边界为天然潜水面边界,接受大气降水入渗补给,为水量交换边界;下边界为不透水层,视为隔水边界。

(二)侧向边界条件

由于本次模拟范围为人工回灌试验场地,面积较小没有天然边界,因此侧向边界均概化为流量边界。

三、CHCl₃ 耦合胶体效应影响下的迁移转化数学模型

综合考虑对流、弥散、吸附、生物降解等影响因素共同作用的条件下 CHCl₃ 的迁移模型,计算采用 GMS 软件包中的 MODFLOW 模块和 MT3D 模块对人工回灌过程中耦合胶体效应影响下 CHCl₃ 的迁移转化过程进行模拟。

(一)地下水流数值模型

研究区地下水流的数学模型可用如下微分方程的定解问题来描述:

$$\begin{cases} \dfrac{\partial}{\partial x}\left(K_x \dfrac{\partial H}{\partial x}\right) + \dfrac{\partial}{\partial y}\left(K_y \dfrac{\partial H}{\partial y}\right) + \dfrac{\partial}{\partial z}\left(K_z \dfrac{\partial H}{\partial z}\right) + W = \mu \dfrac{\partial H}{\partial t} & (x,y,z) \in D, t > 0 \\ H(x,y,z,0) = H_0(x,y,z) & (x,y,z) \in D \\ K_n \dfrac{\partial h}{\partial n}\bigg|_{\tau_i} = q(x,y,z,t) & (x,y,z) \in \tau_i, i = 1,2,3,4 \end{cases}$$

$$(7\text{-}1)$$

式中　D——渗流区域;

　　　H——含水层水位标高,m;

　　　K——含水层渗透系数,m/d;

　　　μ——含水层给水度,无量纲;

　　　H_0——含水层的初始水位,m;

　　　τ_i——研究区流量边界,$i=1,2,3,4$;

　　　q——流量,m³/d;

　　　W——各源汇项的综合(补给为正,排泄为负)。

(二)CHCl₃ 迁移转化数值模型

在水流模型的基础上,地下水中 CHCl₃ 迁移转化的数学模

型如下：

$$\begin{cases} \dfrac{\partial C}{\partial t} = \dfrac{\partial}{\partial x}\left(D_x \dfrac{\partial C}{\partial x}\right) - \dfrac{\partial}{\partial x}(v_x C) + \dfrac{q_s}{n}C_s - R_{衰减} \\ C(x)\big|_{t=0} = C_0(x) \qquad x \geqslant 0, t = 0 \\ C(x,t)\big|_{\Gamma} = C_1(x,t) \qquad x \in \Gamma, 0 < t \leqslant t_1 \end{cases} \qquad (7\text{-}2)$$

式中　C——$CHCl_3$ 的浓度，$\mu g/L$；

　　　C_0——地下水中 $CHCl_3$ 的初始浓度，$\mu g/L$；

　　　C_s——回灌井中 $CHCl_3$ 的浓度，$\mu g/L$；

　　　D_x——水动力弥散系数，m^3/d；

　　　v_x——地下水流速，m^3/d；

　　　q_s——单位体积含水层中体积流量，d^{-1}；

　　　$R_{衰减}$——吸附、生物降解反应项。

(三) 参数的选取

将前述野外试验求得有胶体、无胶体条件下 $CHCl_3$ 迁移转化的相关参数应用于本模型，回灌试验过程中 $CHCl_3$ 的迁移转化模型中涉及的参数、来源及取值如表 7-1 所示。

表 7-1　$CHCl_3$ 的迁移转化模型中涉及的参数、来源及其取值

参数	来源	取值	
		0 mg/L SiO_2	10 mg/L SiO_2
含水层渗透系数 $K/(m/d)$	抽水试验	18.35	
孔隙度 n	土工试验	0.35	
地下水流速 $v_x/(m/d)$	示踪试验	29.85	
纵向水动力弥散系数 $D_L/(m^3/d)$	示踪试验	8.43	
阻滞系数 R_f	回灌试验	1.46	1.61
自然衰减速率常数 K/d^{-1}	回灌试验	2.06×10^{-4}	6.01×10^{-4}

四、数值模型模拟结果

当回灌流量为 2 m³/h,回灌总时长为 170 min 时,$CHCl_3$ 以回灌井为运移起点,回灌井中 $CHCl_3$ 的初始浓度与场地试验回灌井 $CHCl_3$ 监测结果一致,对含水层中 $CHCl_3$ 的迁移转化规律进行模拟,模拟结果见图 7-1。模拟结果显示,$CHCl_3$ 的主要迁移方向和迁移速率与野外试验的监测结果一致,通过对比有胶体、无胶体条件下 $CHCl_3$ 的迁移能力发现,相同氯倍率条件下,SiO_2 胶体的存在抑制了回灌井处 $CHCl_3$ 的形成,初始浓度明显降低,受其影响 $CHCl_3$ 的迁移过程也受到一定程度的阻滞,导致相同时刻地下水中 $CHCl_3$ 的浓度降低。因此,在对回灌水源进行消毒处理的过程中,为了提高消毒效果,可在保证地下水中 $CHCl_3$ 浓度不超过浓度限值的情况下加入适量 SiO_2 胶体。

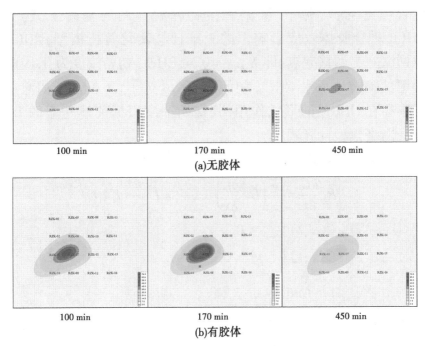

图 7-1 人工回灌条件下 $CHCl_3$ 在地下水中迁移转化数值模拟结果

第二节　$CHCl_3$ 迁移转化的解析模拟

$CHCl_3$ 耦合胶体效应影响下的迁移转化数值模型模拟结果显示,$CHCl_3$ 主要沿地下水流的主方向迁移,因此研究地下水流主方向 $CHCl_3$ 浓度变化对防治地下水污染具有现实意义。本次研究建立 $CHCl_3$ 耦合胶体效应影响下的迁移转化一维解析模型,并进一步确定当 $CHCl_3$ 在一定迁移距离下浓度不超过《生活饮用水卫生标准》(GB 5749—2006)对 $CHCl_3$ 浓度的限制要求。

一、数学模型

回灌水源注入后,$CHCl_3$ 主要沿地下水流的主方向迁移,在综合考虑对流、弥散、吸附和生物降解作用的基础上,建立 $CHCl_3$ 耦合胶体效应影响下的一维迁移转化解析模型,$CHCl_3$ 以回灌井为运移起点,即 $X_{CHCl_3} = 0$ m,$CHCl_3$ 初始浓度为 0,因此回灌试验前地下水 $CHCl_3$ 初始浓度 $C(x,t)|_{t=0} = 0$,由于回灌过程中存在 $CHCl_3$ 的形成作用,其初始浓度根据前述建立的 BP 神经网络模型计算确定。

数学模型可用微分方程的定解问题来描述:

$$\begin{cases} R_f \dfrac{\partial C}{\partial t} = \dfrac{\partial}{\partial x}\left(D_L \dfrac{\partial C}{\partial x}\right) - \dfrac{\partial}{\partial x}(v_x C) - KR_f C \\ C(x,t)|_{t=0} = 0 \\ C(x,t)|_{x \to \pm\infty} = 0 \\ \displaystyle\int_{-\infty}^{+\infty} Cn\,dx = m_a \end{cases} \tag{7-3}$$

式中　C——$CHCl_3$ 的浓度,μg/L;

　　　D_L——纵向水动力弥散系数,m^3/d;

v_x——$CHCl_3$ 的迁移速度,m/d;

k——$CHCl_3$ 的自然衰减速率常数,d^{-1};

R_f——阻滞系数,无量纲;

n——含水层介质的有效孔隙度,无量纲;

m_a——单位过水断面上注入污染物的质量,$\mu g/m^2$。

该数学模型的解析解为:

$$C(x,t) = \frac{m_a}{2n\sqrt{\pi R_f D_L t}}\exp\left[-kt - \frac{(R_f x - v_x t)^2}{4R_f D_L t}\right] \quad (7\text{-}4)$$

二、胶体效应影响下 $CHCl_3$ 迁移转化行为预测

将上述确定的各参数取值代入解析模型中进行计算求解,计算不同位置有胶体、无胶体条件下地下水中 $CHCl_3$ 浓度随时间的变化。

(一)胶体效应影响下 $CHCl_3$ 随时间变化模拟预测

利用 RZK-04 监测井监测数据对 $CHCl_3$ 迁移转化解析模型进行求解,分别计算有胶体、无胶体条件下距离回灌井 4.2 m 的 RZK-04 监测井地下水中 $CHCl_3$ 浓度随时间变化,并将计算值与场地试验实测值进行对比绘制历时曲线如图 7-2 所示。

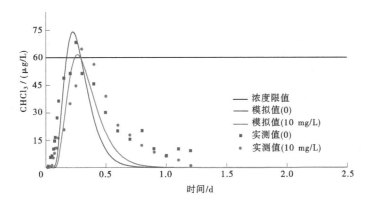

图 7-2　不同胶体浓度下 $CHCl_3$ 随时间变化曲线

由图 7-2 可以看出,在回灌水源初始有效氯浓度为 5 mg/L 时,预测结果显示距离回灌井 4.2 m 的监测井地下水中 $CHCl_3$ 浓度在 0.2 d 时达到浓度峰值 76.06 μg/L;当回灌水源加入 10 mg/L SiO_2 胶体后,监测井中 $CHCl_3$ 的迁移速率及浓度峰值均降低,$CHCl_3$ 浓度在 0.25 d 时达到浓度峰值 63.82 μg/L。将模型计算值与野外人工回灌试验过程中 RZK-04 监测井地下水中 $CHCl_3$ 浓度实测值对比发现,该模型计算的 $CHCl_3$ 浓度与试验实测值拟合较好,但在预测曲线中 $CHCl_3$ 浓度下降的后半段,即 0.6 d 后实测值出现拖尾现象,模拟值与实测值存在一定偏差,这是由于 $CHCl_3$ 的形成不是瞬时完成的,且受试验条件限制回灌水源的注入不能严格地瞬时完成,但 $CHCl_3$ 浓度增加速率及浓度峰值可以较好地预测,因此该模型可用于预测胶体效应影响下 $CHCl_3$ 的迁移转化规律。

(二) 胶体效应影响下不同位置 $CHCl_3$ 随时间变化模拟预测

人工回灌试验过程中,有胶体、无胶体条件下不同位置地下水中 $CHCl_3$ 浓度的历时曲线如图 7-3 所示。

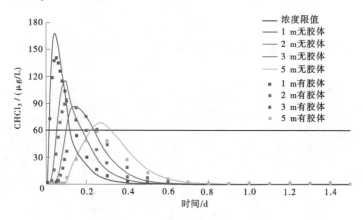

图 7-3　不同胶体浓度下 $CHCl_3$ 随时间变化曲线

由图 7-3 可以看出,随着时间的推移,$CHCl_3$ 在自然衰减作用下向下游迁移,在地下水流方向距离回灌井不同位置的地下水中 CHCl₃ 依次检出,浓度逐渐增大直至达到浓度峰值,随后浓度逐渐降低。随着迁移距离的增加,吸附、生物降解作用的综合影响下 CHCl₃ 的迁移速率及浓度峰值逐渐变小。此外,在回灌水源中加入 SiO₂ 胶体后,CHCl₃ 的浓度及迁移速率明显降低,且相同迁移距离条件下 CHCl₃ 的浓度峰值也低于无 SiO₂ 胶体条件。这一现象是由于 SiO₂ 胶体的存在使得回灌井中 CHCl₃ 的生成速率下降,初始浓度相对降低;同时 SiO₂ 胶体的存在使得含水层介质对 CHCl₃ 的吸附和生物降解作用均增强,对 CHCl₃ 的迁移阻滞作用增大。

《生活饮用水卫生标准》(GB 5749—2006)中规定 CHCl₃ 的浓度限值为 0.06 mg/L,根据图 7-3 可以看出无胶体条件下,距离回灌井 1 m 处的 CHCl₃ 浓度在 0.13 d 后降低至 0.06 mg/L,2 m、3 m 及 5 m 处分别在 0.19 d、0.24 d、0.33 d 降低至 0.06 mg/L;而当回灌水源加入 SiO₂ 胶体,不同距离地下水中 CHCl₃ 分别在 0.15 d(1 m)、0.20 d(2 m)、0.26 d(3 m)降低至 0.06 mg/L,而 5 m 处地下水中 CHCl₃ 浓度均未超过 0.06 mg/L,说明回灌水源中胶体的加入可有效降低 CHCl₃ 的迁移能力。

第三节 回灌水源的有效氯浓度阈值

由于人工回灌过程中回灌水源的注入形成人为流场,导致地下水流速及溶质的弥散系数均大于自然状态,地下水中 CHCl₃ 的迁移能力增强,污染影响范围扩大。因此,为保证回灌水源注入后形成的 CHCl₃ 在迁移转化过程中不超过《生活饮用水卫生标准》(GB 5749—2006)规定的浓度限值 0.06 mg/L,利用 CHCl₃ 的迁移转化解析模型及 BP 神经网络模型,确定地下水中 CHCl₃ 的浓度峰值不超过 0.06 mg/L 时的回灌水源有效氯浓度,以此作为回灌水源的有效氯浓度阈值,有效保障回灌过程中地下水环境安全。满足不同距离的有效氯浓度阈值计算结果见表 7-2,该条件下地下水中 CHCl$_3$ 浓度随时间变化曲线如图 7-4 所示。

表 7-2　回灌水源有效氯浓度阈值

距离/m	pH	离子强度/(mol/L)	胶体浓度/(mg/L)	有效氯浓度阈值/(mg/L)
4.2			0	1.25
			10	1.93
10	7.79	0.022	0	2.37
			10	2.91
30			0	5.35
			10	7.05

注:根据 CHCl$_3$ 的形成机制,Na$^+$ 对 CHCl$_3$ 的形成抑制作用弱于 Ca^{2+},且地下水中阳离子以 Na$^+$ 为主,因此本次地下水的离子强度均视为 Na$^+$ 离子强度。

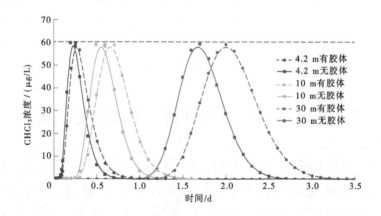

图 7-4　有效氯浓度阈值水源回灌条件下 CHCl$_3$ 浓度随时间变化曲线

本书提出的回灌水源浓度阈值仅适用于野外回灌试验场地的水文特征条件下的人工回灌试验。经计算,在保证地下水中 CHCl$_3$ 迁移距离大于 10 m 时不超过浓度限值 0.06 mg/L,回灌水源的有效氯浓度阈值为 2.37 mg/L,当回灌水源中加入 10

mg/L 的 SiO$_2$ 胶体,有效氯浓度阈值为 2.91 mg/L;在保证 CHCl$_3$ 迁移距离大于 30 m 时不超过浓度限值 0.06 mg/L,回灌水源的有效氯浓度阈值可提高至 5.35 mg/L,当回灌水源中加入 10 mg/L 的 SiO$_2$ 胶体,有效氯浓度阈值提高至 7.05 mg/L。

参考文献

安东，乐林生，宋佳秀，等，2005. 水体中卤乙酸（HAAs）的产生、测定方法与控制途径［J］. 环境污染治理技术与设备（12）:18-21.

仝重臣，2012. 饮用水氯消毒副产物三卤甲烷生成影响因素研究［D］. 天津:天津城市建设学院.

杜新强，齐素文，廖资生，等，2007. 人工补给对含水层水质的影响［J］. 吉林大学学报（地球科学版）（2）:293-297.

鄂学礼，王丽，邢方潇，2010. 饮水消毒副产物及其标准研究进展［J］. 环境与健康杂志，27（1）: 2-4.

葛飞，舒海民，2006. 饮用水中氯化消毒副产物的研究进展［J］. 净水技术，（1）:34-38.

郭晓峰，1999. 不同 pH 值下不同离子对腐植酸胶粒电动电位的影响［J］. 腐植酸，（2）:25-26,15.

韩畅，刘绍刚，仇雁翎，等，2009. 饮用水消毒副产物分析及相关研究进展［J］. 环境保护科学，35（1）:12-16.

何江涛，程东会，韩冰，等，2006. 浅层地下水氯代烃污染天然衰减速率的估算［J］. 地学前缘，（1）:140-144.

何江涛，李烨，刘石，等，2005. 浅层地下水氯代烃污染的天然生物降解［J］. 环境科学，26（2）:121-125.

何江涛，史敬华，崔卫华，等，2004. 浅层地下水氯代烃污染天然生物降解的判别依据［J］. 地球科学，29（3）: 357-362.

何薪，2010. 河套平原农业灌溉影响下地下水中砷迁移富集规律研究［D］. 武汉:中国地质大学.

何晔，黄鑫磊，占光辉，2015. 基于现场试验研究的浅层地下水人工回灌影响因素分析［J］. 上海国土资源，36（3）:75-77,82.

桓颖，2016. 人工回灌场地地下水中胶体特征识别及其迁移规律研究［D］. 长春:吉林大学.

黄君礼,寇广中,杨滨生,1987. 水中腐植酸等前驱物质对卤仿形成的影响[J]. 环境化学,6(5):14-22.

霍进彦,2016.基于非对称场流分离方法的水环境中腐殖酸聚集特性分析[D]. 天津:天津大学.

姜友秀,2013.纳米羟基磷灰石在地下水中迁移沉积及其去除锰的研究[D].青岛:中国海洋大学.

李波,曲久辉,刘会娟,等,2007.含溴离子水氯化过程中消毒副产物生成和分配研究[J]. 科学通报,(17):2071-2076.

李恒太,石萍,武海霞,2008.地下水人工回灌技术综述[J].中国国土资源经济,(3):41-42,45,48.

李爽,张晓健,2000.两个中心城市饮用水中消毒副产物的调查[J]. 中国给水排水,(10):25-27.

李绪谦,商书波,林亚菊,等,2005.石油类污染物在包气带土层中的水化学迁移率测定[J].吉林大学学报(地球科学版),(4):501-504,519.

李滢,2008.纳米颗粒物与腐殖酸的复合体系对阿特拉津的吸附[D].北京:北京林业大学.

林学钰,张文静,何海洋,等,2012.人工回灌对地下水水质影响的室内模拟实验[J].吉林大学学报(地球科学版),42(5):1404-1409,1433.

刘晓琳,2013.饮用水中THMs、HAAs、含氮类和卤代酮类消毒副产物检测识别与风险评估[D].上海:复旦大学.

刘雪瑶,2018.J市供水管网中水质与消毒副产物的相关性研究[D]. 长春:吉林建筑大学.

刘艳,2013.浅析水处理中氯及臭氧消毒杀菌的作用[C].中国水协设备材料委第四届水厂净化工艺设备暨水质检测设备应用技术交流研讨会.

卢杰,李梦红,潘嘉芬,等,2010.地下水三氯甲烷污染的微生物治理实验研究[J].中国农村水利水电,(5):18-20.

陆强,2016.上海某典型行业土壤和地下水中氯代烃的迁移转化规律及毒性效应研究[D].上海:华东理工大学.

罗旭东,2005.输配系统消毒副产物的预测与控制[D].阜新市:辽宁工程技术大学.

马杰,2016.砷在含水介质中迁移转化的胶体效应[D].北京:中国地质大学(北京).

马军,1997.氯化消毒副产物的形成及对饮用水质的影响[J].中国给水排水,(1):35-36.

孟庆玲,姜岩,马贵科,2015.综述:再生水地下储存过程中溶解性有机物的环境行为[C].中国环境科学学会.2015年中国环境科学学会学术年会论文集:1811-1813.

潘玥,王可新,2014.我国饮用水水质标准变迁的研究[J].能源技术与管理,39(6):17-19.

彭茜,冉德钦,王平,等,2011.不同 pH 值下腐殖酸反渗透膜污染中的界面相互作用解析[J].中国环境科学,31(4):616-621.

乔肖翠,何江涛,杨蕾,等,2014.DOM 及 pH 对典型 PAHs 在土壤中迁移影响模拟实验研究[J].农业环境科学学报,33(5):943-950.

钱永,2016.1,2,3-三氯丙烷在地下水中的环境行为研究[D].北京:中国地质大学(北京).

邵珍珍,林青,徐绍辉,2018.不同离子强度下 SiO₂ 胶体对磺胺嘧啶土壤吸附迁移行为的影响[J].土壤学报,55(2):411-421.

宋杰,2015.游泳池水中三氯甲烷的生消机制研究[D].重庆:重庆大学.

王俊霞,2019.饮用水消毒副产物生成影响因素的研究进展[J].科技风,(6):204-205.

王苗苗,2018.纳米铁复合材料去除再生水中消毒副产物的效果、应用及机理探讨[D].济南:山东大学.

王维平,Peter Dillon,JoanneVanderzalm,2009.中国-澳大利亚含水层补给管理新进展[M].郑州:黄河水利出版社.

王园园,2018.典型类固醇雌激素在胶体作用下的迁移性研究[D].沈阳:沈阳大学.

王志霞,葛小鹏,晏晓敏,等,2012.溶解性有机质对菲在沉积物上吸附与解吸性能的影响[J].中国环境科学,32(1):105-112.

王子佳,2009.基于风险评价的北京平谷盆地雨洪水回灌水质标准研究[D].长春:吉林大学.

吴艳,2006.配水管网系统中消毒副产物的研究[D].哈尔滨:哈尔滨工业大学.

熊巍,凌婉婷,高彦征,等,2007.水溶性有机质对土壤吸附菲的影响

［J］. 应用生态学报,（2）:431-435.

徐怀洲,2014. 粘土矿物与有机物间的作用机制及影响因素研究［D］. 南京:南京大学.

徐鹏,沈吉敏,李太平,等,2015. 消毒副产物生成势测定方法的优化研究［J］. 中国给水排水,31(17):45-49.

杨悦锁,王园园,宋晓明,等,2017. 土壤和地下水环境中胶体与污染物共迁移研究进展［J］. 化工学报,68(1):23-36.

余晓敏,2019. 氯代酮/醛类消毒副产物的生成机理及其在常规净水工艺中的生成潜能评估［D］. 合肥:合肥工业大学.

俞旭,江超华,1984. 现代海洋沉积矿物及其 X 射线衍射研究［M］. 北京:科学出版社.

周晶晶,2017. 人工回灌条件下地下水中天然胶体与 Fe 的相互作用机制及其模拟预测［D］. 吉林:吉林大学.

朱锦旗,王彩会,陆徐荣,等,2006. 苏锡常地区浅层地下水铁锰离子分布规律及成因分析［J］. 水文地质工程地质(3):30-33,37.

张杰,2018. 碘代消毒副产物生成机理和预测模型的研究［D］. 合肥:中国科学技术大学.

张茜,2016. 对硝基酚在生物强化 SAT 系统中的迁移转化与去除规律研究［D］. 长春:吉林大学.

张战平,2006. 太湖水体中的胶体态痕量金属及其影响因素研究［D］. 杭州:浙江大学.

郑昕,2010. 水环境因子对腐植酸与蒽之间作用的影响［D］. 西安:西安建筑科技大学.

郑昭贤,2012. 石油污染浅层地下水中氯代烷烃降解的微生物响应规律研究［D］. 吉林:吉林大学.

Ahn Y B, Rhee S K, Fennell D E, et al. 2003. Reductive dehalogenation of brominated Phenolic compounds by microorganisms associated with the marine sponge Aplysida aerophoba［J］. App. Environ. Microbiol,69(4):159-166.

Alvarezcohen L, Mccarty P L, Boulygina E, et al. 1992. Characterization of a methane-utilizing bacterium from a bacterial consortium that rapidly degrades trichloroethylene and chloroform［J］. Applied and Environmental

Microbiology,58(6):1886-1893.

Alvarezpuebla R A, Garrido J J,2005. Effect of pH on the aggregation of a gray humic acid in colloidal and solid states[J]. Chemosphere,59(5): 659-667.

Bellar T A, Lichtenberg J J, Kroner R C, et al. 1974. The Occurrence of Organohalides in Chlorinated Drinking Waters [J]. Journal American Water Works Association,66(12):703-706.

Blatchley E R, Margetas D, Duggirala R, et al. 2003. Copper catalysis in chloroform formation during water chlorination [J]. Water Research, 37 (18):4385-4394.

Bull R J, Meier J R, Robinson M, et al. 1985. Evaluation of mutagenic and carcinogenic properties of brominated and chlorinated acetonitriles: by-products of chlorination[J]. Toxicological Sciences,5(6):1065-1074.

Chao A,1984. Nonparametric Estimation of the Number of Classes in a Population[J]. Scandinavian Journal of Statistics,11(4):265-270.

Chowdhury S,2019. Disinfection by-products in desalinated and blend water: formation and control strategy[J]. Journal of Water and Health,17(1): 1-24.

Christman R F, Norwood D L, Millington D S,et al. 1983. Identity and yields of major halogenated products of aquatic fulvic acid chlorination [J]. Environmental Science & Technology,17(10):625-628.

Clark R M,Sivaganesan M,1998. Predicting Chlorine Residuals and Formation of TTHMs in Drinking Water[J]. Journal of Environmental Engineering,124(12):1203-1210.

Croue J, Reckhow D A,1989. Destruction of chlorination byproducts with sulfite[J]. Environmental Science & Technology,23(11):1412-1419.

Dai M, Martin J,Cauwet G,1995. The significance role of colloids in the transport and transformation of organic carbon and associated trace metals (Cd, Cu and Ni) in the Rhone delta (France) [J]. Marine Chemistry, 51:159-175.

Domenico P A, Schwartz F W,1998. Physical and chemical hydrogeology [M]. Wiley, New York.

Feng C M, Yin X X, Liu D D, et al. 2015. Analysis of the Characteristics of Organic Matter in Reclaimed Water on Disinfection Process[J]. Water Practice & Technology,3(1):7-12.

Gallard H, Von Gunten U, 2002. Chlorination of natural organic matter: kinetics of chlorination and of THM formation[J]. Water Research,36(1): 65-74.

Ghorai S, Pant K K, 2005. Equilibrium, kinetics and breakthrough studies for adsorption of fluoride on activated alumina[J]. Separation & Purification Technology,42(3):265-271.

Herczeg A L, Rattray K, Dillon P, et al. 2004. Geochemical Processes During Five Years of Aquifer Storage Recovery[J]. Ground Water,42(3): 438-445.

Hua G, Reckhow D A, 2007. Characterization of Disinfection Byproduct Precursors Based on Hydrophobicity and Molecular Size[J]. Environmental Science & Technology,41(9):3309-3315.

Huang B, Shu L, Yang Y, et al. 2012. Groundwater Overexploitation Causing Land Subsidence: Hazard Risk Assessment Using Field Observation and Spatial Modelling[J]. Water Resources Management,26(14):4225-4239.

Kargalioglu Y, Mcmillan B J, Minear R A, et al. 2002. Analysis of the cytotoxicity and mutagenicity of drinking water disinfection by-products in Salmonella typhimurium[J]. Teratogenesis Carcinogenesis and Mutagenesis,22(2):113-128.

Kim Y H, Semprini L, Arp D J, et al. 1997. Aerobic Cometabolism of Chloroform and 1,1,1-Trichloroethane by Butane-Grown Microorganisms[J]. Bioremediation Journal,1(2):135-148.

Kuchovsky T, Sracek O, 2007. Natural attenuation of chlorinated solvents: a comparative study[J]. Environmental Earth Sciences,53(1):147-157.

Liang X, Liu D, Zhou J, et al. 2018. Effects of colloidal humic acid on the transport of sulfa antibiotics through a saturated porous medium under different hydrochemical conditions[J]. Water Science & Technology: Water Supply,18(6):2199-2207.

Li F, Wang X, Li Y, et al. 2008. Enhancement of the reductive transformation of pentachlorophenol by polycarboxylic acids at the iron oxide-water interface[J]. Journal of Colloid Interface,321(2):332-341.

Liu D, Zhou J, Zhang W, et al. 2016. Column experiments to investigate transport of colloidal humic acid through porous media during managed aquifer recharge[J]. Hydrogeology Journal,25(1):79-89.

Malkoc E, Nuhoglu Y,2006. Fixed bed studies for the sorption of chromium (VI) onto tea factory waste[J]. Chemical Engineering Science,61(13): 4363-4372.

Mcclay K, Fox B G, Steffan R J, et al. 1996. Chloroform mineralization by toluene-oxidizing bacteria[J]. Applied and Environmental Microbiology, 62(8):2716-2722.

Ngueleu S K, Grathwohl P, Cirpka O A, et al. 2013. Effect of natural particles on the transport of lindane in saturated porous media: laboratory experiments and model-based analysis[J]. Journal of Contaminant Hydrology:13-26.

Ouyang Y, Shinde D, Mansell R S, et al. 1996. Colloid-enhanced transport of chemicals in subsurface environments: A review[J]. Critical Reviews in Environmental Science and Technology,26(2):189-204.

Pavelic P, Nicholson B C, Dillon P, et al. 2005. Fate of disinfection by-products in groundwater during aquifer storage and recovery with reclaimed water[J]. Journal of Contaminant Hydrology,77(4):351-373.

Persson Y, Hemström K, Öberg L,et al. 2008. Use of a column leaching test to study the mobility of chlorinated HOCs from a contaminated soil and the distribution of compounds between soluble and colloid phases[J]. Chemosphere,71(6):1035-1042.

Qin Y, Wen Z, Zhang W, et al. 2020. Different roles of silica nanoparticles played in virus transport in saturated and unsaturated porous media[J]. Environmental Pollution,259(C):113861.

Quimby B D, Delaney M F, Uden P C, et al. 1980. Determination of the aqueous chlorination products of humic substances by gas chromatography with microwave plasma emission detection[J]. Analytical Chemistry,52(2):259-263.

Raymond J W, Rogers T N, Shonnard D R, et al. 2001. A review of structure-based biodegradation estimation methods[J]. Journal of Hazardous Materials, 84(2): 189-215.

Richardson S D, 2003. Disinfection by-products and other emerging contaminants in drinking water[J]. Trends in Analytical Chemistry, 22(10): 666-684.

Rook J J, 1974. Formation of haloforms during chlorination of natural water [J]. Water Treat Exam, 23(2): 234-243.

Roy S B, Dzombak D A, 1997. Chemical factors influencing colloid-facilitated transport of contaminants in porous media[J]. Environmental Science & Technology, 31(3): 656-664.

Shannon C E, Weaver W, Wiener N, et al. 1950. The Mathematical Theory of Communication[J]. Physics Today, 3(9): 31-32.

Shen C, Wang H, Lazouskaya V, et al. 2015. Cotransport of bismerthiazol and montmorillonite colloids in saturated porous media[J]. Journal of Contaminant Hydrology: 18-29.

Spitz K, Moreno J, 1996. Apractical guide to groundwater and solute transport modeling[M]. New York: John Wiley & Sons Inc: 365-386.

Syngouna V I, Chrysikopoulos C V, 2013. Cotransport of clay colloids and viruses in water saturated porous media [J]. Colloids and Surfaces A: Physicochemical and Engineering Aspects: 56-65.

Tang X, Weisbrod N, 2009. Colloid-facilitated transport of lead in natural discrete fractures[J]. Environmental Pollution, 157(8): 2266-2274.

Thomas J M, Mckay W A, Cole E, et al. 2000. The Fate of Haloacetic Acids and Trihalomethanes in an Aquifer Storage and Recovery Program, Las Vegas, Nevada[J]. Groundwater, 38(4): 605-614.

Vannelli T, Logan M, Arciero D M, et al. 1990. Degradation of halogenated aliphatic compounds by the ammonia-oxidizing bacterium Nitrosomonas europaea[J]. Applied and Environmental Microbiology, 56(4): 1169-1171.

Wikiniyadhanee R, Chotpantarat S, Ong S K, et al. 2015. Effects of kaolinite colloids on Cd^{2+} transport through saturated sand under varying ionic strength conditions: Column experiments and modeling approaches[J]. Journal of Contaminant Hydrology:146-156.

Wu X, Huan Y, Zhao Q, et al. 2016. Fate and transport of DBPs in a deep confined aquifer during artificial recharge process[J]. Environmental Earth Sciences,75(1).

Zhao Y, Gu X, Gao S, et al. 2012. Adsorption of tetracycline (TC) onto montmorillonite: Cations and humic acid effects[J]. Geoderma,183(3): 12-18.

Zhu Y, Ma L Q, Dong X, et al. 2014. Ionic strength reduction and flow inter-ruption enhanced colloid-facilitated Hg transport in contaminated soils[J]. Journal of Hazardous Materials,264(15):286-292.

Zou Y, Zheng W, 2013. Modeling manure colloid-facilitated transport of the weakly hydrophobic antibiotic florfenicol in saturated soil columns[J]. Environmental Science & Technology,47(10):5185-5192.